農業簿記検定
教科書

1級（財務会計編）

大原出版

はじめに

　わが国の農業は、これまで家業としての農業が主流で、簿記記帳も税務申告を目的とするものでした。しかしながら、農業従事者の高齢化や耕作放棄地の拡大など、わが国農業の課題が浮き彫りになるなか、農業経営の変革が求められています。一方、農業に経営として取り組む農業者も徐々に増えてきており、農業経営の法人化や6次産業化が着実にすすみつつあります。

　当協会は、わが国の農業経営の発展に寄与することを目的として平成5年8月に任意組織として発足し、平成22年4月に一般社団法人へ組織変更いたしました。これまで、当協会では農業経営における税務問題などに対応できる専門コンサルタントの育成に取り組むとともに、その事業のひとつとして農業簿記検定に取り組んできており、このたびその教科書として本書を作成いたしました。

　本来、簿記記帳は税務申告のためにだけあるのではなく、記帳で得られる情報を経営判断に活用することが大切です。記帳の結果、作成される貸借対照表や損益計算書などの財務諸表から問題点を把握し、農業経営の発展のカギを見つけることがこれからの農業経営にとって重要となります。

　本書が、農業経営の発展の礎となる農業簿記の普及に寄与するとともに、広く農業を支援する方々の農業への理解の一助となれば幸いです。

一般社団法人　全国農業経営コンサルタント協会

会長　森　剛一

農業簿記検定教科書
1級（財務会計編）
目　次

第1章　総論（会計学の基礎）

第1節　会計の意義と役割

1．会計の意義

　会計とは、特定の経済主体が行う経済活動及びこれに関連する経済事象を、主として貨幣額によって測定・記録し、この結果得られた情報を伝達する一連の行為をいう。

　経済主体には個人、企業、国などがあるが、これに応じて会計も、家計、企業会計、公会計に分類される。

2．企業会計の分類

　企業会計は、会計情報の提供先の違いにより、**財務会計（外部報告会計）**と**管理会計（内部報告会計）**に分類される。

　財務会計とは、投資家、債権者などの外部利害関係者に対し、企業の経営成績や財政状態に関する会計情報を提供することを目的とした会計である。また、財務会計のうち法律制度の枠組みの中で行われるものは、制度会計と呼ばれる。ここでいう法律制度とは、会社法、金融商品取引法、税法などをいう。

　管理会計とは、企業の内部利害関係者である経営者に対し、経営管理のための会計情報を提供することを目的とする会計である。

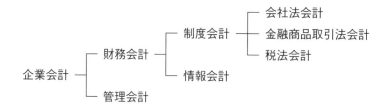

　情報会計とは、制度会計と対比されるものであり、法律の規制を受けることなく、情報利用者の情報要求に従って会計情報を算出するための会計をいう。財務会計の中の情報会計には、法律制度化していない物価変動会計などが含まれる。

3．財務会計の目的

　財務会計の特徴は、企業外部の利害関係者に対して、それぞれが必要とする情報を提供することにある。企業外部の利害関係者とは、投資家、債権者、その他企業の経営活動に対して利害関係をもつが、その経営に直接かかわらない人々をいう。この利害関係者は、企業に対してそれぞれが異なる利害をもつことから、その関心事も異なってくる。

				利　害　関　係　者	関　　心　　事
株式会社	⇨	情報を提供	⇨	投　資　家　（現　在）	配　当　・　収　益　力
			⇨	投　資　家　（将　来）	収　　益　　力
			⇨	債　　権　　者	返　済　能　力
			⇨	国・地方公共団体	担　　税　　力
			⇨	従　　業　　員	給　料　・　将　来　性
			⇨	消　　費　　者	生産物の質・価格

　そこで、利害関係者の異なる利害を調整し、資金の合理的運用及び確実な資金管理を行うためには、一方に偏ることのない「適正な期間損益計算」が必要とされ、これが財務会計の中心的課題となる。

第2節 企業会計制度

1．農業における会計制度の概要

　企業会計制度は、一般に①会社法会計、②金融商品取引法会計及び③税法（法人税法）会計の3領域により構成される。ただし、農業では前記のほか、④農業協同組合法（及び農業協同組合法施行規則）による会計が行われる。

⑴　会社法会計

　会社法会計の目的は、第1に、利害関係者に対して企業の経理内容の公正な報告を保証し、その利益の保護を図ること、第2に、配当可能な剰余金の公正な算定によって債権者と株主との間の利害の調整を図ることの二つを目的とするものである。

　株式会社では、事業年度終了後2カ月以内（一定の会社は3カ月以内）に開催する**株主総会**において、**貸借対照表・損益計算書・株主資本等変動計算書・個別注記表・事業報告**及び**附属明細書**を作成・開示しなければならない。

⑵　金融商品取引法会計

　金融商品取引法会計の目的は、一般投資家の投資決定に有用な財務情報を提供し、一般投資家の利益の保護を図ることを目的とするものである。

　上場会社などの一定の会社は、事業年度終了後3カ月以内に、内閣総理大臣に貸借対照表・損益計算書・株主資本等変動計算書・キャッシュ・フロー計算書・附属明細表・その他の内容を記載した**有価証券報告書**を提出しなければならない。

【参考】四半期報告書

　有価証券報告書を提出しなければならない会社のうち一定の要件を満たす会社は、その事業年度が3カ月を超える場合には、当該事業年度の期間を3カ月ごとに区分した各期間ごとに、当該会社の属する企業集団及び当該会社の経理の状況などを記載した四半期報告書を、当該各期間経過後45日以内の期間内に内閣総理大臣に提出しなければならない。

⑶　税法（法人税法）会計

　法人税法は、税負担の公平性、社会的公正性確保のほか、産業政策その他租税政策上の配慮を加えて制定されているものである。

　株式会社は、事業年度終了後 2 カ月以内（一定の会社は 3 カ月以内）に所轄税務署長に**確定申告書**を提出しなければならない。なお、この確定申告書には、貸借対照表・損益計算書などの添付が要求される。

⑷　農業協同組合法会計

　農業協同組合法会計の目的は、利害関係者（組合員や出資者、債権者、取引先など）に対して、財務諸表を用いて経営成績と財政状態（及び資金状態）を明らかにすることにある。

　農業協同組合および農業協同組合連合会は、決算に係る総会終了後 2 週間以内に、貸借対照表・損益計算書・**剰余金処分計算書**又は**損失金処理計算書**等を記載した**業務報告書**を行政庁に提出しなければならない。

　出資農事組合法人は、事業報告・貸借対照表・損益計算書・**剰余金処分案**又は**損失処理案**を作成しなければならない。

　また、非出資農事組合法人にあっては、事業報告及び財産目録を作成しなければならない。

【参考】「企業会計原則」（詳細は、本章の第 4 節の 1 . を参照）

　企業会計制度においては、共通の基本的な会計ルールとして位置づけられるものに「企業会計原則」がある。「企業会計原則」は、第二次世界大戦後の経済的荒廃を背景に、企業会計制度の改善・統一を図り、わが国経済の民主的で健全な発達のための科学的基礎を与える目的で制定されたものであり、その性格は次の三つに要約される。

① 「企業会計原則」は、企業会計の実務の中に慣習として発達したものの中から、一般に公正妥当と認められたところを要約したものである。

② 「企業会計原則」は、公認会計士が、公認会計士法及び金融商品取引法に基づき財務諸表の監査を行う場合の基準である。

③ 「企業会計原則」は、企業会計に関係のある諸法令が制定改廃される場合において尊重されなければならないものである。

２．財務諸表の体系

　利害関係者に対して会計情報を提供する手段が**財務諸表**である。財務諸表とは、損益計算書などの総称であり、この財務諸表の体系は次のように整理することができる。

会　社　法　会　計	金融商品取引法会計	農 業 協 同 組 合 法 会 計 （出 資 農 事 組 合 法 人）
貸　借　対　照　表	貸　借　対　照　表	貸　借　対　照　表
損　益　計　算　書	損　益　計　算　書	損　益　計　算　書
株 主 資 本 等 変 動 計 算 書	株 主 資 本 等 変 動 計 算 書	―
―	―	剰余金処分案又は損失処理案
―	キャッシュ・フロー計算書	―
個　別　注　記　表	―	―
事　業　報　告	―	事　業　報　告
附　属　明　細　書	附　属　明　細　表	―

【参考】税法（法人税法）会計

　税法（法人税法）は、益金の額から損金の額を差し引いて課税所得を計算するが、益金・損金の大部分は企業会計上の収益・費用と一致するため、あらためて益金・損金の額を計算するのではなく、企業会計上の利益と課税所得との差異を調整（**申告調整**）することにより計算される。

第3節 会計公準

1. 企業会計の理論的構造

　企業会計の理論的構造は、次に示すように三つの階層から成り立っている。

　これは、企業会計の実務である**会計手続**は会計原則によって導かれ、**会計原則**は会計公準を前提として存在するものであることを意味しているのである。

○企業会計の理論的構造○

　この3層構造は、固定資産の減価償却手続において顕著である。すなわち、会計手続である定額法、定率法などは、固定資産の取得原価を当期費用と次期以降の費用（当期末の資産）に分割すべしとする会計原則（**費用配分の原則**）の具体的計算であり、また、費用配分の原則は、会計公準の一つである継続企業の公準を前提とする。つまり、継続企業の公準のもとでは、期間損益計算が行われるので、固定資産の取得原価は耐用年数にわたる各会計期間に費用化する必要が生じ、ここに費用配分の原則の一手法である「減価償却」という会計手続が出現するのである。

2. 会計公準

　企業会計の基礎構造又は土台を示すものを会計公準といい、少なくとも次の三つがあげられる。

⑴ 企業実体の公準

　企業実体の公準とは、企業という経済主体を、企業会計上、その所有主とは別個のものとみて、企業それ自体を一つの会計単位とする考え方であり、企業会計の場所的限定を示すものである。

　なお、企業実体の概念を拡張したものに連結実体の概念があり、これは連結会計の基礎構造を構成している。

⑵　**継続企業の公準**

　今日の企業は、解散を前提とするものではなく、継続的活動を前提とするものであることを意味するものが、継続企業の公準である。継続企業を前提とする場合、企業の連続的な経済活動を期間的に区切って、期間ごとに会計計算が行われることになる。この公準は、このような意味から、**会計期間の公準**と呼ばれることもあり、企業会計の**時間的限定**を示すものである。

⑶　**貨幣的評価の公準**

　企業会計の測定尺度として貨幣単位を用いることにより、異質な財貨・用役をすべて貨幣によって記録・測定・伝達することを承認するものである。

第4節　一般原則

1．企業会計原則の構成

　企業会計原則は、**一般原則、損益計算書原則、貸借対照表原則**からなる本文と、これらを補足する**注解**から構成されている。

　一般原則は、会計全般にかかわる包括的基本原則であり、損益計算書原則及び貸借対照表原則は、損益計算書及び貸借対照表を作成する際の具体的な処理表示の規定である。また、注解は、企業会計原則本文の特定事項についての補足的説明事項である。

○企業会計原則の構成○

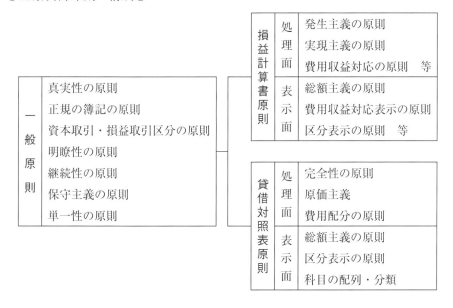

―――【参考】重要性の原則について――――――――――――――――――――――

　重要性の原則は、正規の簿記の原則などの注解であり、一般原則として規定されたものではないが、会計処理・報告に関する包括的原則であるため、本テキストでは一般原則に含めて説明している。

２．真実性の原則

> 企業会計は、企業の**財政状態及び経営成績**に関して、**真実な報告**を提供するものでなければならない。

⑴　内　容

　真実性の原則は、すべての記録・計算を適正に行い、真実な企業の財政状態及び経営成績を財務諸表に記載し、報告することを要請する原則である。換言すれば、この原則は、企業の公開する財務諸表の内容が嘘いつわりのあるものであってはならないことを要請するものであり、道徳的・倫理的性格をもつ原則である。

○真実性の原則○

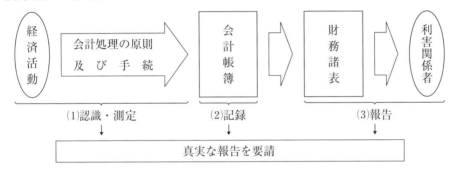

⑵　真実性の意味

　真実性とは、絶対的な単一の値を求める真実性（**絶対的真実性**）ではなく、**相対的真実性**を意味する。

┌─ **【参考】今日の真実性が相対的真実性となる理由** ─────────

　今日の企業会計は継続企業を前提とした期間計算を行っているため、最終・確定計算ではなく暫定計算である。また、今日の企業会計は**経理自由の原則**[注]に立つものであり、唯一絶対的な会計数値を求めることは不可能である。

　つまり、今日の財務諸表は「記録された真実と会計上の慣習と個人的判断の総合的表現」にほかならないものとされ、そこに表現される企業の財政状態及び経営成績は、相対的なもの（相対的真実性）とならざるを得なくなる。

（注）　経理自由の原則

　　　　一般に公正妥当と認められる会計処理の原則または手続について、複数の方法が認められている場合、その中からどの方法を採用するかは、企業の自主的な判断に委ねられている。このことを経理自由の原則という。

3．正規の簿記の原則

> 企業会計は、**すべての取引**につき、正規の簿記の原則に従って、**正確な会計帳簿**を作成しなければならない。

⑴　内　容
　正規の簿記の原則は、①一定の要件に従った正確な会計帳簿の作成、②正確な会計帳簿に基づく財務諸表の作成（誘導法の採用）を要請するものであり、真実性の原則を記録面から保証する原則である。

○正規の簿記の原則○

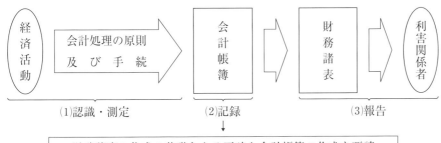

⑵　正確な会計帳簿
　正確な会計帳簿とは、①**網羅性**（企業の経済活動のすべてが記録されていること）、②**検証可能性**（すべての取引事実を検証可能な証拠資料に基づいて記録すること）及び③**秩序性**（すべての記録を継続的、組織的に体系化すること）の要件を満たすものをいい、一般に複式簿記に基づく会計帳簿がこれに該当する。

⑶　財務諸表の作成方法
　貸借対照表の作成方法には、**誘導法**と**財産目録法**の二つの方法がある。
　誘導法とは、すべての取引を会計帳簿に記録し、会計帳簿に記録された収益・費用から損益計算書を、会計帳簿に記録された資産・負債・純資産から貸借対照表を作成する方法である。
　財産目録法とは、期末に企業の保有する財産及び債務を実地調査し、これに一定の価額（特に財産については売却時価）を附して財産目録を作成し、この財産目録に基づいて貸借対照表を作成する方法である。

4．資本取引・損益取引区分の原則

> 資本取引と損益取引とを明瞭に区別し、特に**資本剰余金**と**利益剰余金**とを混同してはならない。

> **資本剰余金**は、資本取引から生じた剰余金であり、**利益剰余金**は損益取引から生じた剰余金、すなわち利益の留保額であるから、両者が混同されると、企業の**財政状態**及び**経営成績**が適正に示されないことになる。従って、例えば、新株発行による株式払込剰余金から新株発行費用を控除することは許されない。

⑴　内　容

　資本取引・損益取引区分の原則は、企業の財政状態及び経営成績の適正な表示を行うために、「元本である資本」と「果実である利益」を区別することを要請するものである。この原則は、真実性の原則を会計処理面から保証するものである。

○資本取引・損益取引区分の原則○

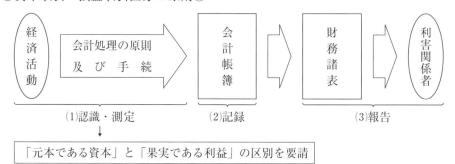

⑵　資本取引・損益取引の意義

　資本取引とは、元本そのものの増減取引であり、具体的には、出資・増資・減資などの取引が該当する。

　損益取引とは、元本の運用取引であり、具体的には、収益取引・費用取引が該当する。

(3)　資本取引と損益取引を混同した場合の問題点

　資本取引と損益取引を混同した場合には、元本として維持すべき部分が利益とされ、結果として剰余金の配当により社外流出されるおそれがあり、利益の過大計上・資本の食い潰しが生ずることになる。

　したがって、「適正な損益計算」及び「適正な資本維持」の観点から、両者の区別が要請されるのである。

5．明瞭性の原則

> 　企業会計は、**財務諸表**によって、利害関係者に対し必要な会計事実を**明瞭に表示**し、企業の状況に関する判断を誤らせないようにしなければならない。

(1)　内　容

　明瞭性の原則は、財務諸表の利用者が、公開される会計情報を正しく、また容易に理解できるように、財務諸表の形式に一定の要件を満たすことを要請するものであり、真実性の原則を報告面から保証するものである。

○明瞭性の原則○

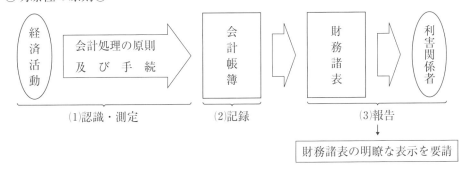

(2)　明瞭性の原則の適用例

　①　区分表示

　　損益計算書や貸借対照表を作成する場合、単純に勘定科目を羅列するのでなく、一定の基準に従った区分表示をすべきこととなる。

　②　総額表示

　　損益計算書や貸借対照表を作成する場合、損益計算書であれば収益項目と費用項目との相殺を禁じ、貸借対照表であれば資産の部の項目と負債の部・純資産の部の項目との相殺は禁じられている。

③　項目設定の概観性

　　財務諸表は、企業の経営成績や財政状態についての概要把握を必要とする利害関係者に対し作成されるものであるため、損益計算書や貸借対照表は詳細すぎるよりも、むしろ概観性を与えることが必要になる。

④　注記

　　注記とは、財務諸表に付された財務諸表本文に対する補足説明であり、会計方針に関するもの、後発事象に関するものとそれ以外のものからなる。

⑤　財務諸表附属明細表

　　財務諸表附属明細表とは、損益計算書や貸借対照表の重要な項目についての明細表であり、財務諸表の1つである。③で示したように、損益計算書や貸借対照表それ自体は概観性を与えられる一方で、それを補足するための細目表示のために作成される。

(3)　注記

①　重要な会計方針の開示

　　財務諸表には、重要な会計方針を注記しなければならない。

　　会計方針とは、企業が損益計算書及び貸借対照表の作成に当たつて、その財政状態及び経営成績を正しく示すために採用した会計処理の原則及び手続並びに表示の方法をいう。

　　代替的な会計基準が認められていない場合には、会計方針の注記を省略することができる。

②　重要な後発事象の開示

　　財務諸表には、損益計算書及び貸借対照表を作成する日までに発生した重要な**後発事象**を注記しなければならない。

　　後発事象とは、貸借対照表日後に発生した事象で、次期以後の財政状態及び経営成績に影響を及ぼすものをいう。

　　重要な後発事象を注記事項として開示することは、当該企業の将来の財政状態及び経営成績を理解するための補足情報として有用である。

6．継続性の原則

> 企業会計は、その**処理の原則及び手続**を毎期継続して適用し、みだりにこれを変更してはならない。

> 企業会計上継続性が問題とされるのは、一つの会計事実について二つ以上の**会計処理の原則又は手続**の選択適用が認められている場合である。
>
> このような場合に、企業が選択した**会計処理の原則及び手続**を毎期継続して適用しないときは、同一の会計事実について異なる利益額が算出されることになり、財務諸表の**期間比較**を困難ならしめ、この結果、企業の財務内容に関する利害関係者の判断を誤らしめることになる。
>
> 従って、いったん採用した**会計処理の原則又は手続**は、**正当な理由により変更を行う場合を除き**、財務諸表を作成する各時期を通じて継続して適用しなければならない。
>
> なお、**正当な理由**によって、会計処理の原則又は手続に重要な変更を加えたときは、これを当該財務諸表に**注記**しなければならない。

⑴　内　容

　継続性の原則は、経理自由の原則のもとで、いったん採用した会計処理の原則及び手続は、正当な理由があると認められる場合を除き、毎期継続適用しなければならないことを要請する原則である。この原則は、真実性の原則を主に会計処理面から保証するものである。

○継続性の原則○

⑵　必要性

　この原則は、①**財務諸表の期間比較性の確保**と②経営者の恣意的な会計処理を抑えることによる**利益操作の排除**を目的とするものであり、経理自由の原則が支配する今日の企業会計において真実な報告を保証するために必要とされる。

⑶　会計処理の原則又は手続が変更される場合

　この原則における継続適用の要請は絶対的なものではなく、**正当な理由**に基づく変更は認められる。この正当な理由には次のようなものがある。

① 　より合理的と認められる方法への変更

② 　会計法規の改正に伴う変更

> **【参考】会計処理の原則及び手続の変更に関する4類型**
>
> 　イ．妥当な方法→妥当な方法……継続性の原則で考慮される変更のケース
> 　ロ．不当な方法→妥当な方法 ⎫
> 　ハ．妥当な方法→不当な方法 ⎬継続性の原則とは無関係
> 　ニ．不当な方法→不当な方法 ⎭
>
> 　つまり、一般に公正妥当であると認められた会計処理の原則及び手続相互間の変更（上記イ）について、当該変更が正当な理由に基づくものであるか否かが問題とされるのであって、その他の変更は当然の変更（上記ロ）であるか、又は会計原則違反（上記ハ・ニ）であり継続性の原則とはかかわりがない。

7．保守主義の原則

> 　企業の財政に**不利な影響**を及ぼす可能性がある場合には、これに備えて**適当に健全な**会計処理をしなければならない。

> 　企業会計は、**予測される将来の危険に備えて、慎重な判断に基づく会計処理**を行わなければならないが、**過度に保守的な会計処理**を行うことにより、企業の財政状態及び経営成績の**真実な報告をゆがめてはならない。**

⑴　内　容

　保守主義の原則は、将来の不確実性に対する損益計算上の配慮であり、企業の安全を保持し、健全な発展を図ることを要請する原則である。

　ただし、この原則の適用は一般に認められた会計処理の範囲内に限られており、過度に保守的な会計処理を行うことにより、企業の財政状態及び経営成績の真実な報告をゆがめてはならない。

○保守主義の原則○

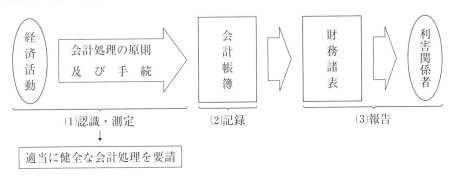

⑵　保守的な会計処理

　保守的な会計処理とは、収益はできるだけ確実なものだけを計上し、費用・損失は細大もらさず計上することによって、**利益をできるだけ控えめに計算**し、資金の社外流出を防ごうとするものである。

　保守的な会計処理には、減価償却における定率法の採用等があげられる。

8．単一性の原則

　株主総会提出のため、信用目的のため、租税目的のため等**種々の目的のために異なる形式の財務諸表**を作成する必要がある場合、それらの内容は、信頼しうる**会計記録**に基づいて作成されたものであって、政策の考慮のために事実の真実な表示をゆがめてはならない。

⑴　内　容

　単一性の原則は、種々の目的によって報告様式の異なる財務諸表を作成する場合でも、その作成の基礎は単一（正規の簿記の原則による正確な会計帳簿）であることを要請する原則である。つまり、二重帳簿の作成を排除する原則である。

　株主総会提出目的の計算書類は、会社法により、内閣総理大臣提出目的の財務諸表は、財務諸表等規則により作成しなければならないが、その基になる会計帳簿の内容に相違のあることは真実性の原則に反し認められないとし、実質的な単一性を要求するものである。

　したがって、この原則における単一性とは、**実質一元形式多元**という意味である。

○実質一元形式多元○

9．重要性の原則

　企業会計は、定められた会計処理の方法に従って正確な計算を行うべきものであるが、企業会計が目的とするところは、企業の財務内容を明らかにし、**企業の状況に関する利害関係者の判断を誤らせないようにする**ことにあるから、**重要性の乏しいもの**については、本来の厳密な会計処理によらないで他の**簡便な方法**によることも、正規の簿記の原則に従った処理として認められる。

　重要性の原則は、財務諸表の表示に関しても適用される。

⑴　内　容

　重要性の原則は、**計算の経済性**の観点から、重要性の乏しいものについて簡便な方法を認める原則である。

○重要性の原則○

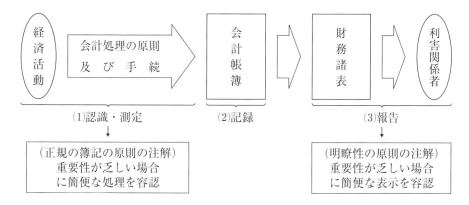

⑵　**重要性の判断と取扱い**

　重要性の判断は、科目と金額の2面から行われる。

イ．質的側面から判断する科目の重要性

　重要性の高いものは独立科目で、低いものはまとめて表示することである。

ロ．量的側面から判断する金額の重要性

　金額的に僅少なものは簡便な会計処理を認めることである。

　重要か非重要かの判断は、利害関係者の意思決定に対する影響の有無によって判定される。つまり、利害関係者の意思決定にとって欠くことのできない、ないしは決定的な影響を与える情報は**重要**であると判断され、本来の厳密な方法を行わなければならないのに対し、逆に利害関係者の意思決定に影響がないか又は無視できる程度に軽微である場合には、**非重要**と判定され、簡便な方法が認められることになるのである。

(3)　具体例

重要性の原則の適用例としては、次のようなものがある。

(1)　消耗品、消耗工具器具備品その他の貯蔵品等のうち、重要性の乏しいものについては、その買入時又は払出時に費用として処理する方法を採用することができる。

(2)　前払費用、未収収益、未払費用及び前受収益のうち、重要性の乏しいものについては、経過勘定項目として処理しないことができる。

(3)　引当金のうち、重要性の乏しいものについては、これを計上しないことができる。

(4)　たな卸資産の取得原価に含められる引取費用、関税、買入事務費、移管費、保管費等の付随費用のうち、重要性の乏しいものについては、取得原価に算入しないことができる。

(5)　分割返済の定めのある長期の債権又は債務のうち、期限が１年以内に到来するもので重要性の乏しいものについては、固定資産又は固定負債として表示することができる。

○具体例○

(1)　消耗品1,000円を買入れ─→500円を払出し─→期末：払出し500円のうち期末残200円

厳密な処理	(貯 蔵 品)　1,000 　(現　金)　1,000	(消耗品費)　500 　(貯 蔵 品)　500	(貯 蔵 品)　200 　(消耗品費)　200
簡便な処理	・買入時に費用処理 (消耗品費)　1,000 　(現　金)　1,000	仕訳なし	仕訳なし
	・払出時に費用処理 (貯 蔵 品)　1,000 　(現　金)　1,000	(消耗品費)　500 　(貯 蔵 品)　500	仕訳なし

厳密な処理	B／S貯蔵品　700
簡便な処理	B／S貯蔵品　0 ∴簿外資産　700 B／S貯蔵品　500 ∴簿外資産　200

(2)　月々100円ずつ返済する契約の借入金が2,500円ある。

厳密な 表　示	Ⅰ　流動負債	
	１年以内返済長期借入金	1,200
	Ⅱ　固定負債	
	長期借入金	1,300
簡便な 表　示	Ⅱ　固定負債	
	長期借入金	2,500

　重要性の原則が適用される具体例について、前記(1)は簡便な会計処理の具体例である。

　簡便な会計処理が行われると簿外資産又は簿外負債が生ずる。また、上記(2)は簡便な表示の具体例である。

第2章　財務諸表

第1節　貸借対照表

1．貸借対照表の意義・役割

⑴　貸借対照表の意義

　貸借対照表は、企業の財政状態を明らかにするため、貸借対照表日におけるすべての資産、負債及び純資産を記載し、株主や債権者、その他の利害関係者にこれを正しく表示するものでなければならない。

⑵　貸借対照表の役割

　貸借対照表は、企業の財政状態を明らかにする財務諸表である。

　財政状態とは、決算日において、企業が運用する資金の**調達源泉**と、その資金の**運用形態**をいい、資金の調達源泉は**負債**及び**純資産**により、資金の運用形態は資産により明らかにされる。

⑶　貸借対照表完全性の原則

　貸借対照表日におけるすべての資産、負債及び純資産をもれなく完全に貸借対照表に計上することを要求したものが貸借対照表完全性の原則である。換言すれば、貸借対照表完全性の原則は、「ない」ものを「ある」ように虚構すること（架空資産・架空負債の計上）や、「ある」ものを「ない」ように隠微すること（簿外資産・簿外負債）を否定する原則である。

　ただし、重要性の乏しいものについて、簡便な処理をした結果生ずる簿外資産及び簿外負債については、貸借対照表完全性の原則の例外として容認される。重要性の乏しいものについては、その計上を省略しても、正規の簿記の原則に従った処理として認められる。

2．貸借対照表の区分

> 　貸借対照表は、資産の部、負債の部及び純資産の部に区分し、純資産の部は、株主資本と株主資本以外の各項目に区分する。

　貸借対照表の区分表示は、企業財務の流動性の理解のために重要である。**資産**は、**流動資産、固定資産（有形固定資産、無形固定資産、投資その他の資産）及び繰延資産**に区分され、**負債**は、**流動負債、固定負債**に区分される。また、純資産の部は、株主資本と株主資本以外の各項目に区分される。

３．貸借対照表の配列

> 資産及び負債の項目の配列は、原則として、流動性配列法によるものとする。

　流動性配列法とは、資産の部を流動資産、固定資産、繰延資産の順に、負債の部を流動負債、固定負債の順に配列し、負債の部の次に純資産の部を記載する方法である。流動性配列法は、企業財務の流動性、特に短期流動性の判断（流動資産と流動負債の比較）に便利である。

　なお、資産の部を固定資産、流動資産、繰延資産の順に、負債の部を固定負債、流動負債の順に配列する方法を**固定性配列法**といい、電力・ガス・鉄道事業を営む企業以外は流動性配列法を採用している。

4．貸借対照表の分類

⑴　分類基準

　資産及び負債は、おもに**正常営業循環基準**と**1年基準**によって流動・固定項目に分類される。

① 正常営業循環基準

　正常営業循環基準とは、企業の正常な営業循環過程内において生じた資産・負債を、流動資産・流動負債とする基準である。受取手形、売掛金、仕掛品、支払手形、買掛金などは、正常営業循環基準によって流動項目とされる。

② 1年基準

　1年基準とは、貸借対照表日の翌日から起算して1年以内に入金又は支払いの期限が到来するものを流動資産・流動負債とし、1年を超えて支払いの期限が到来するものを固定資産・固定負債とする基準である。1年基準は、貸付金や借入金などを流動・固定項目に分類するときに用いられる。

③ 企業会計原則における分類基準

　企業会計原則では、正常営業循環基準を主とし、正常営業循環基準で固定項目として区分された項目については1年基準を加味したものとなっている。

正常営業循環基準と1年基準の適用関係

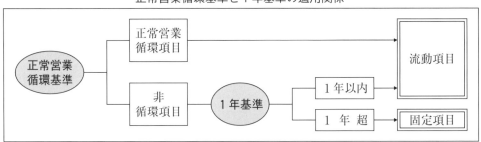

(2)　流動・固定の分類例

　流動資産・流動負債と、固定資産・固定負債とを区別すると、以下のようにまとめられる。

流動資産又は流動負債と固定資産又は固定負債の区別について

　受取手形、売掛金、前払金、支払手形、買掛金、前受金等の当該企業の主目的たる営業取引により発生した債権及び債務は、流動資産又は流動負債に属するものとする。ただし、これらの債権のうち、破産債権、更生債権及びこれに準ずる債権で1年以内に回収されないことが明らかなものは、固定資産たる投資その他の資産に属するものとする。

　貸付金、借入金、差入保証金、受入保証金、当該企業の主目的以外の取引によって発生した未収金、未払金等の債権及び債務で、貸借対照表日の翌日から起算して1年以内に入金又は支払いの期限が到来するものは、流動資産又は流動負債に属するものとし、入金又は支払いの期限が1年を超えて到来するものは、投資その他の資産又は固定負債に属するものとする。

　現金預金は、原則として、流動資産に属するが、預金については、貸借対照表日の翌日から起算して1年以内に期限が到来するものは、流動資産に属するものとし、期限が1年を超えて到来するものは、投資その他の資産に属するものとする。

　前払費用については、貸借対照表日の翌日から起算して1年以内に費用となるものは、流動資産に属するものとし、1年を超える期間を経て費用となるものは、投資その他の資産に属するものとする。未収収益は流動資産に属するものとし、未払費用及び前受収益は、流動負債に属するものとする。

　商品、製品、半製品、原材料、仕掛品等のたな卸資産は、流動資産に属するものとし、企業がその営業目的を達成するために所有し、かつ、その加工若しくは売却を予定しない財貨は、固定資産に属するものとする。

　なお、固定資産のうち残存耐用年数が1年以下となったものも流動資産とせず固定資産に含ませ、たな卸資産のうち恒常在庫品として保有するもの若しくは余剰品として長期間にわたって所有するものも固定資産とせず流動資産に含ませるものとする。

---

(3)　引当金の分類例

　引当金のうち、賞与引当金、修繕引当金のように、通常1年以内に使用される見込みのものは流動負債に属するものとする。また、退職給付引当金、特別修繕引当金のように、通常1年を超えて使用される見込みのものは、固定負債に属するものとする。

5．総額主義の原則

⑴　意　義

　資産、負債及び純資産は、総額によって記載することを原則とし、資産の項目と負債又は純資産の項目とを相殺することによって、その全部又は一部を貸借対照表から除去してはならない。

⑵　内　容

　貸借対照表における総額主義は、財政規模の明瞭表示のために必要なものである。例えば、売掛金と買掛金とを相殺していずれかの残額のみを記載（**純額表示**）すれば、財政規模が不明瞭となってしまう。

　なお、総額主義の原則は、貸借対照表完全性の原則と結びついている。すなわち、貸借対照表完全性の原則の要求を満たすためには、定められた会計処理の方法に従った正確な計算を行い、その上で総額主義の原則により、資産、負債及び純資産を記載することが必要となるのである。

第2節　損益計算書

1．損益計算書の役割と様式

> 損益計算書は、企業の経営成績を明らかにするため、一会計期間に属するすべての収益とこれに対応するすべての費用とを記載して経常利益を表示し、これに特別損益に属する項目を加減して当期純利益を表示しなければならない。

⑴　**損益計算書の役割**

損益計算書は、企業の経営成績を明らかにする財務諸表である。

経営成績とは、一会計期間に企業が獲得した利益の額と、その利益がどのようにして獲得されたかの状況を意味する。

⑵　**損益計算書の様式**

損益計算書の様式には、**勘定式**と**報告式**がある。

2．費用収益対応の原則

費用及び収益は、その発生源泉に従って明瞭に分類し、各収益項目とそれに関連する費用項目とを損益計算書に対応表示しなければならない。

費用収益対応の原則は、費用及び収益の発生源泉別分類と対応表示を要求したものである。

3．損益計算書の区分

⑴　**区分の内容**

損益計算書には、**営業損益計算、経常損益計算**及び**純損益計算**の区分を設けなければならない。

営業損益計算の区分には、営業活動から生じた収益及び費用が記載され、営業活動の状況が明らかにされる。

経常損益計算の区分には、主に財務・金融活動から生じた収益及び費用が記載され、財務・金融活動の状況が明らかにされる。

純損益計算の区分には、特別損益が記載され、臨時損益などの発生状況が明らかにされる。

⑵　利益の意味

　売上総利益は、農畜産物の生産・販売活動の良否を示している。

　営業利益は、営業活動の成果を示している。**経常利益**は、企業等の正常な収益力を示している。

　税引前当期純利益（又は**当期純利益**）は、企業が当期に獲得した分配（処分）可能利益を示している。

４．総額主義の原則

> 　費用及び収益は、総額によって記載することを原則とし、費用の項目と収益の項目とを直接に相殺することによってその全部又は一部を損益計算書から除去してはならない。

⑴　内　容

　企業の経営成績は、端的には、利益の額によって表されるが、取引規模も企業の経営成績の判断には欠かせない情報の一つである。費用及び収益の総額表示を通じ、取引規模の明瞭表示を要求した総額主義の原則は、損益計算書の作成にあたって欠くことのできないものとなっている。

　──**【参考】純額表示の容認**──────────

　　有価証券・固定資産の売却損益などについては、重要性の原則により、純額表示が認められている。ここでの純額表示とは、有価証券の売却収入（収益）とその売却原価（費用）を総額で表示することなく、両者を相殺して、有価証券売却益又は有価証券売却損を表示することを意味する。なお、有価証券売却益と有価証券売却損の相殺は認められない。ただし、同一銘柄の有価証券について生じた有価証券売却益と有価証券売却損を総額表示することは、過度な詳細表示をまねくので、純額表示しなければならない。

第３節　株主資本等変動計算書

１．株主資本等変動計算書の意義

　株主資本等変動計算書とは、貸借対照表の純資産の部の一会計期間における変動額のうち、主として、株主資本の各項目の変動事由を報告するために作成される財務諸表である（株式会社が作成するもの）。

　株主資本等変動計算書では、前期の貸借対照表の純資産の部の残高に対して、期中変動額を加減することによって期末残高を求めるという順序で計算が行われる。

２．株主資本等変動計算書の表示区分

　株主資本等変動計算書の表示区分は、貸借対照表の純資産の部の表示区分に従う。

３．株主資本等変動計算書における表示方法

　株主資本の各項目は、当期首残高、当期変動額及び当期末残高に区分し、当期変動額は**変動事由**ごとにその金額を表示する。

　これに対して、株主資本以外の各項目は、当期首残高、当期変動額及び当期末残高に区分し、当期変動額は純額で表示する。ただし、当期変動額について主な変動事由ごとにその金額を表示することもできる。

4．株主資本等変動計算書の表示形式

⑴　縦に並べる形式

株主資本	
資本金	
当期首残高	×××
当期変動額	
新株の発行	×××
…………	×××
当期変動額合計	×××
当期末残高	×××
資本剰余金	
資本準備金	
当期首残高	×××
当期変動額	
新株の発行	×××
…………	×××
当期変動額合計	×××
当期末残高	×××
その他資本剰余金	
当期首残高	×××
当期変動額	
…………	×××
当期変動額合計	×××
当期末残高	×××
資本剰余金合計	
当期首残高	×××
当期変動額	
新株の発行	×××
…………	×××
当期変動額合計	×××
当期末残高	×××
利益剰余金	
利益準備金	
当期首残高	×××
当期変動額	
剰余金の配当	×××
…………	×××
当期変動額合計	×××
当期末残高	×××
その他利益剰余金	
××積立金	
当期首残高	×××
当期変動額	
…………	×××
当期変動額合計	×××
当期末残高	×××
繰越利益剰余金	
当期首残高	×××
当期変動額	
剰余金の配当	×××
当期純利益	×××
…………	×××
当期変動額合計	×××
当期末残高	×××
利益剰余金合計	
当期首残高	×××
当期変動額	
剰余金の配当	×××
当期純利益	×××
…………	×××
当期変動額合計	×××
当期末残高	×××

自己株式	
当期首残高	×××
当期変動額	
自己株式の取得	×××
…………	×××
当期変動額合計	×××
当期末残高	×××
株主資本合計	
当期首残高	×××
当期変動額	
新株の発行	×××
剰余金の配当	×××
当期純利益	×××
自己株式の取得	×××
…………	×××
当期変動額合計	×××
当期末残高	×××
評価・換算差額等	
その他有価証券評価差額金	
当期首残高	×××
当期変動額	
株主資本以外の項目の当期変動額（純額）	×××
当期変動額合計	×××
当期末残高	×××
評価・換算差額等合計	
当期首残高	×××
当期変動額	
株主資本以外の項目の当期変動額（純額）	×××
当期変動額合計	×××
当期末残高	×××
新株予約権	
当期首残高	×××
当期変動額	
株主資本以外の項目の当期変動額（純額）	×××
当期変動額合計	×××
当期末残高	×××
純資産合計	
当期首残高	×××
当期変動額	
新株の発行	×××
剰余金の配当	×××
当期純利益	×××
自己株式の取得	×××
…………	
株主資本以外の項目の当期変動額（純額）	×××
当期変動額合計	×××
当期末残高	×××

(2)　横に並べる形式

	株主資本										
		資本剰余金			利益剰余金						
	資本金	資本準備金	その他資本剰余金	資本剰余金合計	利益準備金	その他利益剰余金		利益剰余金合計	自己株式	株主資本合計
						××積立金	繰越利益剰余金			
当期首残高										
当期変動額										
××××										
××××										
株主資本以外の項目の当期変動額(純額)										
当期変動額合計										
当期末残高										

評価・換算差額等		新株予約権	純資産合計
その他有価証券評価差額金	評価・換算差額等合計		

┌─ **【例題2－1】株主資本等変動計算書** ─────────────────

　次の資料に基づき、当期の株主資本等変動計算書を作成しなさい。

〔**資料Ⅰ**〕前期の貸借対照表（一部）

貸　借　対　照　表　　　　（単位：千円）

資　　　　　本　　　　　金	50,000
資　本　準　備　金	8,000
そ の 他 資 本 剰 余 金	1,500
利　益　準　備　金	3,000
繰 越 利 益 剰 余 金	4,500
その他有価証券評価差額金	300

〔**資料Ⅱ**〕期中取引等

1．新株を発行し10,000千円が払い込まれた。なお、払込金額のうち6,000千円を資本金に計上する。

2．株主に対して2,000千円（その他資本剰余金から1,000千円、繰越利益剰余金から1,000千円）の配当を行った。なお、配当に伴い資本準備金100千円及び利益準備金100千円の積立てを行った。

3．自己株式を総額1,000千円で取得した。

4．取得した自己株式のうち帳簿価額500千円を600千円で処分した。

5．取得した自己株式のうち帳簿価額250千円を消却した。

6．その他有価証券（帳簿価額1,400千円）の期末における時価は1,800千円である。

7．当期純利益は2,800千円である。

【解答】（単位：千円）

1．期首振戻仕訳

（その他有価証券評価差額金） <small>当期変動額（純額）</small>	300	（投 資 有 価 証 券）	300

2．期中仕訳

(1)　新株の発行

（現 　金 　預 　金）	10,000	（資　　　本　　　金） <small>新株の発行</small>	6,000
		（資 本 準 備 金） <small>新株の発行</small>	4,000※

　　※　貸借差額

└──

(2)　剰余金の配当

（その他資本剰余金） 剰余金の配当	1,100※	（未　払　配　当　金）	2,000
（繰越利益剰余金） 剰余金の配当	1,100※	（資　本　準　備　金） 剰余金の配当	100
		（利　益　準　備　金） 剰余金の配当	100

　※　1,000＋100＝1,100

(3)　自己株式の取得

| （自　己　株　式）
自己株式の取得 | 1,000 | （現　金　預　金） | 1,000 |

(4)　自己株式の処分

| （現　金　預　金） | 600 | （自　己　株　式）
自己株式の処分 | 500 |
| | | （その他資本剰余金）
自己株式の処分 | 100※ |

　※　貸借差額

(5)　自己株式の消却

| （その他資本剰余金）
自己株式の消却 | 250 | （自　己　株　式）
自己株式の消却 | 250 |

３．決算整理仕訳

| （投　資　有　価　証　券） | 400 | （その他有価証券評価差額金）
当期変動額（純額） | 400 |

　※　1,800－1,400＝400

４．資本振替仕訳

| （損　　　　　益） | 2,800 | （繰越利益剰余金）
当期純利益 | 2,800 |

５．株主資本等変動計算書（縦に並べる形式、一部省略）

株主資本

資本金

当期首残高	50,000
当期変動額	
新株の発行	6,000
当期変動額合計	6,000
当期末残高	56,000

資本剰余金

資本準備金

当期首残高	8,000
当期変動額	
新株の発行	4,000
剰余金の配当	100
当期変動額合計	4,100
当期末残高	12,100

その他資本剰余金

当期首残高	1,500
当期変動額	
剰余金の配当	△ 1,100
自己株式の処分	100
自己株式の消却	△ 250
当期変動額合計	△ 1,250
当期末残高	250

利益剰余金

利益準備金

当期首残高	3,000
当期変動額	
剰余金の配当	100
当期変動額合計	100
当期末残高	3,100

その他利益剰余金

繰越利益剰余金

当期首残高	4,500
当期変動額	
剰余金の配当	△ 1,100
当期純利益	2,800
当期変動額合計	1,700
当期末残高	6,200

自己株式

当期首残高	—
当期変動額	
自己株式の取得	△ 1,000
自己株式の処分	500
自己株式の消却	250
当期変動額合計	△ 250
当期末残高	△ 250

評価・換算差額等

その他有価証券評価差額金

当期首残高	300
当期変動額	
株主資本以外の項目の当期変動額（純額）	100
当期変動額合計	100
当期末残高	400

純資産合計

当期首残高	67,300
当期変動額	
新株の発行	10,000
剰余金の配当	△ 2,000
当期純利益	2,800
自己株式の取得	△ 1,000
自己株式の処分	600
株主資本以外の項目の当期変動額（純額）	100
当期変動額合計	10,500
当期末残高	77,800

6．株主資本等変動計算書（横に並べる形式、一部省略）

	資本金	資本準備金	その他資本剰余金	利益準備金	繰越利益剰余金	自己株式	その他有価証券評価差額金	純資産合計
当期首残高	50,000	8,000	1,500	3,000	4,500	—	300	67,300
当期変動額								
新株の発行	6,000	4,000						10,000
剰余金の配当		100	△ 1,100	100	△ 1,100			△ 2,000
当期純利益					2,800			2,800
自己株式の取得						△ 1,000		△ 1,000
自己株式の処分			100			500		600
自己株式の消却			△ 250			250		—
株主資本以外の項目の当期変動額（純額）							100	100
当期変動額合計	6,000	4,100	△ 1,250	100	1,700	△ 250	100	10,500
当期末残高	56,000	12,100	250	3,100	6,200	△ 250	400	77,800

■■■ 第4節　剰余金処分計算書 ■■■

1．剰余金処分案

　剰余金処分計算書とは、繰越利益剰余金（当期未処分剰余金）の処分状況を示した財務諸表であり、農事組合法人などの**協同組合法人**において作成されるものである。理事が作成した剰余金処分案（又は損失処理案）が総会において承認されることにより、剰余金処分計算書（又は損失金処理計算書）となる。

　出資農事組合法人の理事は、事業報告、貸借対照表、損益計算書及び剰余金処分案又は損失処理案を作成しなければならない（農業協同組合法第72条の25）。

　会社法の施行によって、株式会社又は持分会社においては、利益処分案（損失処理案）が廃止され、これに代わって「株主資本等変動計算書」の作成が義務付けられたが、農事組合法人の場合には、引き続き剰余金処分案の作成が必要とされることに留意したい。

【例題2－2】剰余金処分案

　次の資料に基づき、剰余金処分案を作成しなさい。

〔資料〕

1．X1年2月25日の総会において、当期未処分剰余金を財源とした剰余金の配当等が次のとおり決定している。

利用分量配当金	500,000円
従事分量配当金	4,500,000円
出資配当金	600,000円
利益準備金	1,000,000円
農業経営基盤強化準備金	2,000,000円

2．当期剰余金は10,000,000円、前期繰越剰余金は0円であった。

【解答】

剰 余 金 処 分 案

X1年 2 月25日　　　　　　　　　　（単位：円）

Ⅰ	当期未処分剰余金		
	当期剰余金	10,000,000	
	前期繰越剰余金	0	
			10,000,000
Ⅱ	剰余金処分額		
	利益準備金	1,000,000	
	任意積立金		

	農業経営基盤強化準備金	2,000,000		
			2,000,000	
	配当金			
	利用分量配当金	500,000		
	従事分量配当金	4,500,000		
	出資配当金	600,000	5,600,000	8,600,000
Ⅲ	次期繰越剰余金			1,400,000

第5節　キャッシュ・フロー計算書

1．キャッシュ・フロー計算書の意義

　キャッシュ・フロー計算書とは、企業の一会計期間におけるキャッシュ・フロー(資金の増加又は減少）の状況を報告するための財務諸表である。

　なお、キャッシュ・フロー計算書について詳しくは、第11章にて学習する。

第6節　四半期財務諸表

1．四半期財務諸表の意義

　四半期とは、1年の4分の1、すなわち3カ月という期間のことである。**四半期財務諸表**は、3カ月ごとに作成する財務諸表のことで、特定の会社（上場会社等）は、四半期財務諸表を作成し、開示することが求められている。

　企業を取り巻く経営環境の変化は激しく、企業業績も短期間のうちに大きく変化することがある。このため、投資者に適時に投資判断材料を提供することを目的に、特に流動性の高い流通市場をもつ有価証券の発行会社（上場会社等）に対して、1事業年度の財務諸表だけではなく、四半期ごとに財務諸表を作成することが要求されている。

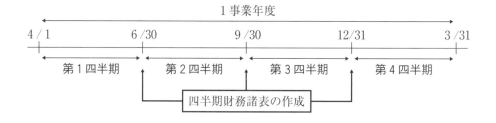

2．四半期財務諸表の範囲及び開示対象期間

四半期財務諸表の範囲及び開示対象期間は以下のとおりである。

種　　　類	期日又は期間
四半期貸借対照表	四半期会計期間の末日
四半期損益計算書	期首からの累計期間 （開示対象期間を期首からの累計期間及び四半期会計期間とすることができる）
四半期キャッシュ・フロー計算書	期首からの累計期間 （第1四半期及び第3四半期において、開示を省略することができる）

　四半期段階での株主資本等変動計算書については、四半期開示における適時性の要請などから開示は要さない。

・第2四半期

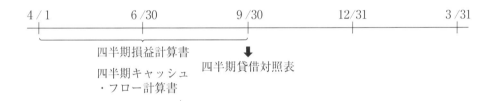

・第2四半期（四半期損益計算書の開示に関して例外規定を適用する場合）

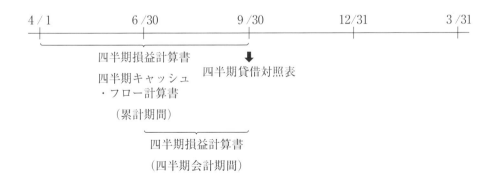

・第3四半期（四半期損益計算書及び四半期キャッシュ・フロー計算書の開示に関して例外規定を適用する場合）

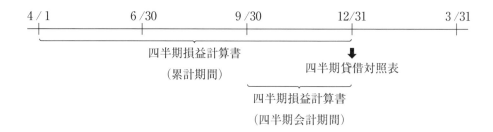

3．会計処理

　四半期財務諸表の作成のために採用する会計方針は、原則として年度の財務諸表の作成にあたって採用する会計方針に準拠する。ただし、開示の迅速性の観点から、以下に例示するような簡便的な会計処理が認められている。

債　　　権	一般債権の貸倒実績率が前年度の決算において算定した貸倒実績率と著しく変動していないと考えられる場合は、前年度の決算において算定した貸倒実績率を用いて、四半期会計期間末における貸倒見積高を算定することができる。
棚 卸 資 産	実地棚卸を省略して、四半期会計期間末における棚卸高を合理的な方法により算定することができる。
	四半期会計期間末における棚卸資産の簿価切下げにあたっては、収益性が低下していることが明らかな棚卸資産についてのみ正味売却価額を見積り、簿価切下げを行うことができる。
経 過 勘 定	経過勘定項目は合理的な算定方法による概算額で計上することができる。
減 価 償 却 費	定率法を採用している場合には、年度に係る減価償却費を期間按分する方法により、期首からの累計期間（又は四半期会計期間）の減価償却費として計上することができる。
退職給付費用	期首に算定した年間の退職給付費用については、期間按分した額を期首からの累計期間（又は四半期会計期間）に計上する。

　上記以外にも、税金費用の計算などにおいて、四半期特有の処理が認められており、また、その他の会計処理に関する留意点を示すと、以下のとおりである。

棚卸資産の簿価切下げ	年度決算において、収益性の低下により棚卸資産の簿価切下げを行う場合、洗替法と切放法の選択適用が認められている。 四半期決算においても棚卸資産の簿価切下げを行うが、この場合、年度決算で洗替法を採用している場合には、四半期決算においても洗替法によることになる。一方、年度決算で切放法を採用している場合には、切放法と洗替法のいずれかを選択適用することができる。
有価証券の減損処理	年度決算において、有価証券の減損処理を行った場合には、当該切下げ後の価額を翌期首の取得原価とすることになり、評価損の戻入は認められない。 これに対して、四半期会計期間末に計上した評価損については、洗替法と切放法のいずれかの方法を選択適用することができる。

第3章　損益会計論

第1節　期間利益の計算方法

1．財産法と損益法

　期間利益の計算方法として、財産法と損益法の二つがあげられる。

⑴　財産法

　財産法とは、期首・期末の財産・債務を実地調査し、期末純財産から期首純財産を差し引いて一定期間の利益を計算する方法である。

　財産法は、それが実地調査によるものであるため、利益の財産的な裏付けを示すが、会計帳簿によるものではないため、利益の発生原因を示さない。

　［算式］：期末純資産－期首純資産＝期間利益

⑵　損益法

　損益法とは、会計帳簿に基づいて、一定期間の収益からこれに対応する費用を差し引いて利益を計算する方法であり、損益計算書における利益の計算方法である。

　損益法は、それが会計帳簿によるものであるため利益の発生原因を示すが、実地調査によるものではないため、利益の財産的な裏付けを示さない。

　［算式］：期間収益－期間費用＝期間利益

⑶　両方法の結合の必要性

　期間利益の計算方法には、財産法と損益法の二つがあるが、期間利益は、両方法の相互補完関係の中で適正に算定されなければならない。すなわち、期間利益は、損益法による計算方法を軸にしながら、財産法の計算手法である実地調査が損益法を補完する形で算定されるのである。

第2節　現金主義会計と発生主義会計

1．現金主義会計と発生主義会計

　損益法に基づく期間利益計算は、費用及び収益の期間帰属決定をどのように行うかによって、**現金主義会計**と**発生主義会計**の二つに分類される。

⑴　現金主義会計

　現金主義会計とは、費用及び収益の期間帰属決定を現金の収支の事実に基づいて行うべしとする**現金主義**を採用する会計方式である。

　現金主義会計は、現金収支計算にほかならないから、恣意性の介入する余地はなく、また、資金的裏付けのない利益を計上しないといった長所を有している。しかし、現金主義会計は、「貨幣の流れ」を跡付けることはできても、「財・サービスの流れ」を跡付けることはできないので、損益計算書や貸借対照表が経済活動の状況ないし結果を的確に表現しているとはいえなくなる場合がある。例えば、当期に生産した農産物をすべて当期に販売したとしても、販売代金の全額を翌期に受領している場合は、その事実に基づき、翌期に農産物売上高が計上されるといった不合理が生ずるのである。

⑵　発生主義会計

　現金主義会計における不合理を解消するため、「貨幣の流れ」に加え「財・サービスの流れ」を費用及び収益の期間帰属決定に追加した会計方式が、発生主義会計と呼ばれるものである。

　発生主義会計は、"カネ"と"モノ"の両面から企業の経営活動をとらえることにより、損益計算書や貸借対照表が経済活動の状況ないし結果を的確に表現することを狙いとした会計方式である。

　発生主義会計では、現金収支の事実に基づきながらも、費用及び収益を発生の事実によって期間帰属の決定を行う**発生主義**が採用される。

> 　すべての費用及び収益は、その支出及び収入に基づいて計上し、その発生した期間に正しく割当てられるように処理しなければならない。ただし、未実現収益は、原則として、当期の損益計算に計上してはならない。
> 　前払費用及び前受収益は、これを当期の損益計算から除去し、未払費用及び未収収益は、当期の損益計算に計上しなければならない。

２．損益計算の３原則

⑴　発生主義の原則

　発生主義の原則とは、収益・費用について、それが発生したと認められた時点に計上することを要請するものである。ただし、発生主義の原則を収益に適用すると、不確実な収益（**未実現収益**）の計上を伴うため、一般の業種においては、発生主義の原則は、もっぱら費用について適用される。

　発生主義の原則を費用の計上に適用する場合には、財・サービスの取得と関係がある支出が行われたときではなく、**財・サービスが使用（費消）されたときに費用が計上される**ことになる。

⑵　実現主義の原則

　実現主義の原則は、収益について、それが実現したと認められた時点に計上することを要請するものである。

　この場合の実現の時点とは、**①得意先への財・サービスの提供**と**②その対価としての流動資金（貨幣・金銭債権などの貨幣性資産）の流入**という二つの条件が満たされたときをいう。

⑶　費用収益対応の原則
①　対応計算の必要性

　収益は営業活動の成果であり、費用はそれを得るために費やされた犠牲である。損益法による期間利益計算は、収益と費用の対比計算を要求するものであり、これは両者の差額が営業活動の純成果であるとの認識に立っていると考えられる。

　当期の発生費用は、それが当期の収益獲得に貢献した部分と当期の収益獲得には貢献しない部分とに区別されなければならず、しかも、後者は次期以降の収益に関連させるため、資産として繰り越さなければならない。

　費用収益対応の原則は、**当期に計上された実現収益に対して、それを得るために要した発生費用を対応させて純利益を計算する**ことを要請するものである。

②　対応の形態

　対応の形態には、売上高と売上原価の関係にみられるような**個別対応**と、売上高と販売費及び一般管理費の関係にみられるような**期間対応**の二つがある。

┌───
【参考】収益認識基準
└─

　売上収益は企業の主たる営業活動の成果を表す重要な財務情報です。従来、売上収益については原則として実現主義により、①得意先への財・サービスの提供と②その対価としての流動資金（貨幣・金銭債権などの貨幣性資産）の流入という二つの条件が満たされたときに計上することとされてきましたが、抽象的な要件であるがゆえに解釈の幅が生まれ、高度化、多様化する現代の経済活動を正しく写像することが難しくなってきました。

　2018年に公表された「収益認識に関する会計基準」（以下、「収益認識基準」）では、売上収益につき、約束した財またはサービスの顧客への移転を、当該財またはサービスと交換に企業が権利を得ると見込む対価の額で描写するように、下記の5つのステップを踏み売上収益を計上することが求められています。

(1)　ステップ1（契約の識別）

　まずは、この基準の適用対象であるか否かを識別します。

　収益認識基準が適用されるのはすべての収益ではなく、「顧客との契約から生じる収益」に限定されます。具体的には、対価と交換に財・サービスを提供する取引契約で、提供する財・サービスは通常の営業活動により生じたものに限定されます。したがって、売上収益にかかる取引はこの基準の適用対象となりますが、金融商品や事業用資産にかかる取引などはこの基準の対象になりません。

(2)　ステップ2（履行義務の識別）

　企業は財・サービスを提供する契約を締結することにより、その契約を履行する義務（履行義務）を負います。収益認識基準では履行義務の内容により売上収益を計上するタイミングや方法が異なるため、どのような履行義務を負うかを識別します。たとえば、顧客に野菜を販売すれば、顧客への野菜の提供を履行する義務を負うことになります。

(3)　ステップ3（取引価格の算定）

　売上計上の基礎となる取引価格を算定します。

(4)　ステップ4（履行義務に取引価格を配分）

　契約の中に複数の履行義務がある場合には、取引価格をそれぞれの履行義務に配分します。たとえば、季節の果実セットをパッケージとして販売するが収穫時期の違いから果物ごとに発送時期が異なるような場合には、取引価格をそれぞれの履行義務（各果物）に配分することになります。

(5)　ステップ5（収益の計上）

　　財・サービスを顧客に移転することによって履行義務を充足したとき、または充足するにつれて収益を計上します。たとえば、野菜を販売する場合には、野菜の引き渡し時点（一時点）で履行義務が充足されます。一方で、一定期間継続的にサービスを提供するような契約の場合には履行義務の充足は一定期間にわたることになります。

第4章　資産会計論

第1節　資産の評価原則

1．資産評価

　資産評価とは、資産の貸借対照表価額の決定、すなわち資産の貸借対照表計上額を決めることを意味する。資産評価の考え方には、**取得原価基準、時価基準、割引現在価値基準**がある。

2．取得原価基準と費用配分の原則

> 　貸借対照表に記載する資産の価額は、原則として、当該資産の取得原価を基礎として計上しなければならない。
>
> 　資産の取得原価は、資産の種類に応じた費用配分の原則によって、各事業年度に配分しなければならない。有形固定資産は、当該資産の耐用期間にわたり、定額法、定率法等の一定の減価償却の方法によって、その取得原価を各事業年度に配分し、無形固定資産は、当該資産の有効期間にわたり、一定の減価償却の方法によって、その取得原価を各事業年度に配分しなければならない。

(1)　取得原価基準の意義と論拠

① 意　義

　取得原価基準とは、資産評価の基礎を資産取得のために要した支出額、すなわち取得原価に求める考え方をいう。

② 論　拠

　取得原価基準が資産評価の原則とされる理由は、次の三つに要約できる。

　(イ)　企業会計は、貨幣的評価の公準のもとに、原初投下資本額の維持を基礎とした期間損益計算を基本目的としている。取得原価基準は、この原初投下資本額の維持を保証するものである。

　(ロ)　企業会計では、期間損益計算を通じて計算された投下資本の回収余剰としての期間利益を、配当金等に分配しようとしている。取得原価基準は、実現主義と表裏の関係にあり、流動資金（**貨幣性資産**）の裏付けのない**未実現利益**の計上を排除することができる。

　(ハ)　企業会計では、財務諸表の信頼性との関連で計算の確実性が重視されている。取得原価は通常第三者との取引に基づいて成立するため、その算定は客観的証拠に支えられている。

⑵　費用配分の原則の意義と必要性

①　意　義

　費用配分の原則とは、資産（**費用性資産**）の取得原価を当期の費用額と次期以降の費用額とに配分する考え方をいう。

　㈤　貨幣性資産

　　貨幣性資産とは、他の資産の購入、債務の返済などのために用いられる資産であり、現金・預金、受取手形、売掛金などが該当する。

　㈥　費用性資産

　　費用性資産とは、生産・販売・管理などの経済活動で利用され、費消する資産である。棚卸資産、有形固定資産、無形固定資産、繰延資産などは費用性資産である。

②　必要性

　費用配分の原則が必要とされる理由は、次のとおりである。

　㈤　会計構造面からの必要性

　　ａ．費用性資産の評価は取得原価基準を原則とするので、資産の取得原価を費用化する手続が必要となる。

　　ｂ．継続企業の公準に基づいて**期間損益計算**が行われるので、費用性資産の取得原価は数会計年度にわたり費用化する必要がある。

　　ｃ．費用性資産の効用ないし耐用期間は数期間に及び、かつ、それは有限であるので、費用性資産の取得原価を費用化しなければならない（ただし、有形固定資産たる土地の耐用期間は一般に無限であるため、その取得原価を費用化する必要はない）。

　㈥　会計目的面からの必要性

　　ａ．効用ないし耐用期間が数期間に及ぶ費用性資産の取得原価を資産取得年度などある特定の会計年度に一時に費用化すると、その年度の期間利益は過少に計算され、当該年度の株主は他の年度の株主に比べて配当の面で不利益を被ることになる。

　　ｂ．企業の経常的な収益力を計算・表示するためには、費用性資産の取得原価を一時に費用化することは避け、費用配分の原則によって費用計算する必要がある。

３．時価基準

⑴　意　義

　時価基準とは、資産の貸借対照表価額について、その資産の現在の**市場価額**などを基礎として計上する基準をいう。

⑵　特　徴

　時価基準は、市場で取引されている資産について、現在その資産が有している価値を適切に表示できるという点で、取得原価での評価よりも利害関係者の意思決定に役立つ最新の情報を提供することができるという長所があるが、資産の所有に伴う損益が計上されるため、処分できる資産の裏付けのない未実現の利益が計上される可能性があるなどの欠点がある。

４．割引現在価値基準

⑴　意　義

　割引現在価値基準とは、資産の貸借対照表価額について、その資産から得られる将来のキャッシュ・フロー（インフロー）の予測額を一定の利子率（割引率）で**割引計算**した現在価値をもって計上する基準をいう。

⑵　特　徴

　割引現在価値は、例えば資産の評価として用いる場合、その資産から得られる将来のキャッシュ・フローを現在価値に割り引いた額を評価額とするため、その資産を利用することにより得られるであろう経済的便益を知ることができ、理論的な資産評価が行われると考えられるが、将来のキャッシュ・フロー予測や割引率に主観的判断が介入し、信頼性を欠くなどの欠点がある。

【参考】資産・負債の意義

　今日の経済社会における企業の資産に共通している特性は、それを所有している経済主体にとって必要不可欠であり、将来、キャッシュ・フローをもたらす能力（**経済的便益**）をもっているものであり、これを貨幣額で測定できるという点である。さらにそれがどこに帰属しているのかという帰属性も問題となる。これらの点より、**資産**とは、企業の将来の経済的便益であり、かつ貨幣額で合理的に測定できるものであるといえる。

　また、同じく負債に共通している特性は、他の企業などに対する現在の支払義務を具体化したものであり、それは将来の一定時点において資産の譲渡によって決済され、資産を減少させるという性質をもっているものであるという点にある。これらの点より、**負債**とは、企業の経済的便益の犠牲であり、かつ貨幣額で合理的に測定できるものであるといえる。

第 5 章　農業における収益取引の処理

■ **第1節　販売取引** ■

1．収益の計上

　収益を計上する時点は、原則として、農畜産物を販売したときである。具体的には、農畜産物を相手先に引き渡し、相手先による検収が完了したときに売上を計上することになる（**検収基準**）。

　個人事業の場合には、米や麦などの農産物に限り、これらの農産物を収穫した年度の収益に計上するとされている（**収穫基準**の適用）。

【例題5－1】収益の計上

　大原農場（決算日：12月31日）における某農作物に関する情報は以下のとおりである。これにより、次の①～②の収益計上基準を採用した場合の売上計上日を示しなさい。

　X1年12月10日：某農作物2.5ｔを3,000千円で販売する契約を販売先と締結した。

　X1年12月25日：某農作物2.5ｔを当農場の農地から収穫した。

　X1年12月26日：某農作物2.5ｔの販売先への運送をＡ運送業者に依頼し、出荷した。

　X1年12月27日：某農作物2.5ｔが販売先に到着した（納品された）。

　X1年12月28日：某農作物2.5ｔに関する販売先からの検収完了通知を受領した。

　X2年1月31日：某農作物2.5ｔに関する販売代金が当農場の普通預金口座に入金された。

　①　収穫基準　　②　検収基準

【解答】

①　収穫基準による売上計上日：X1年12月25日

②　検収基準による売上計上日：X1年12月28日

２．委託販売

　受託者が委託品を販売した日（精算書又は売上計算書の日付）をもって売上収益の実現の日とする（**受託者販売日基準**）。ただし、精算書又は売上計算書が販売のつど又は週、旬、月を単位として一括して送付されている場合には、当該精算書又は売上計算書が到達した日をもって売上収益の実現の日とみなすことができる（**売上計算書到達日基準**）。

　なお、農協を通じて出荷する米・麦、大豆等の農産物については、産地銘柄別の共同販売・共同計算によっており、受託者が委託品を販売した日を認識することができない。この場合、売上計算書到達日基準によれば最終精算書又は売上計算書が到達した日をもって売上収益の実現の日とみなすことになる。しかし、最終精算が出荷した年の翌年又は翌々年となり、精算書は週、旬、月を単位として送付されていないことから、売上計算書到達日基準を採用することが必ずしも適切とはいえない場合が考えられる。このため、農協を通じて出荷する米・麦、大豆等の農産物については、その取引の特殊性に鑑み、売上計算書到達日基準を適用しない場合には、概算金、精算金をそれぞれ受け取った日をもって売上収益の実現の日とすることになる（**概算金等受領日基準**）。

【例題 5 － 2】委託販売における収益の計上⑴

　　大原農場株式会社は、B 農業協同組合を通じて畜産物を出荷しており、X2年1月10日に受け取った精算書の情報は以下のとおりであった。これに基づき、A.受託者販売日基準、B.売上計算書到達日基準により、①X1年12月28日、②X2年1月10日の仕訳を答えなさい。

【精算書】

　　販売日：X1年12月28日

　　販売金額：1,200,000円

　　精算日：X2年1月15日

【解答】

A．受託者販売日基準

①　X1年12月28日

　　（売　　　掛　　　金）1,200,000　　（製　品　売　上　高）1,200,000

②　X2年1月10日

　　　仕　訳　な　し

B．売上計算書到達日基準

①　X1年12月28日

　　　仕　訳　な　し

②　X2年1月10日

　　（売　　　掛　　　金）1,200,000　　（製　品　売　上　高）1,200,000

【例題 5 − 3 】委託販売における収益の計上(2)

　大原農場株式会社（決算日：12月末）は、B農業協合組合を通じて米を出荷しており、X1年産米に係る取引の情報は以下の【資料】のとおりである。これに基づき、A.売上計算書到達日基準、B.概算金等受領日基準により、①X1年 9 月30日、②X2年 3 月20日の仕訳を答えなさい。なお、棚卸資産および売上原価の仕訳については考慮しなくてよい。

【資料】

　　出荷日：X1年 9 月30日

　　概算金受領日：X1年 9 月30日

　　概算金の額：3,000,000円（普通預金口座に振込）

　　精算書受領日：X2年 3 月20日

【解答】

A．売上計算書到達日基準

① 　X1年 9 月30日

　　（普　通　預　金）　3,000,000　　　（前　　受　　金）　3,000,000

② 　X2年 3 月20日

　　（前　　受　　金）　3,000,000　　　（製　品　売　上　高）　3,000,000

B．概算金等受領日基準

① 　X1年 9 月30日

　　（普　通　預　金）　3,000,000　　　（製　品　売　上　高）　3,000,000

② 　X2年 3 月20日

　　　仕　　訳　　な　　し

第2節　農作業受託などの請負

　農作業受託など物の引渡しを要しない請負契約にあっては、その約した役務の全部を完了した日をもって売上収益の実現の日とする。

　ただし、相続未登記その他の理由により利用権設定をしていない農地等において、当該農地の営農に関する基幹的な農作業（基幹3作業[注1]）、および、当該農地において生産・収穫された農産物の販売を委託する契約[注2]については、実質的には受託者の農業経営であるため、作業受託ではなく、販売受託した農産物の販売として収益を認識したうえで、委託者への支払額を費用（農地賃借料又は圃場管理費）とする。

（注1）　基幹3作業とは、「水稲」にあっては①耕起・代かき、②田植え及び③収穫・脱穀、「麦及び大豆」にあっては①耕起・整地、②播種及び③収穫、「その他の農産物」にあってはこれらに準ずる農作業をいう。

（注2）　受託者は農作物の生産に要した肥料代等の経費を負担する一方、生産・収穫した農産物を自らの名義で販売し、その収益は受託者に帰属するものをいう。

委託者	作業・販売を依頼 →	受託者	収穫物を自己名義で販売 →	販売先
	← 精算金（※）支払		← 販売代金の受領	

販 売 代 金	×　×　×
農 作 業 受 託 料	△　×　×
販 売 受 託 料	△　×　×
差引：精算金（※）	×　×　×　←──委託者へ支払う金額

─【例題 5 － 4 】　農作業受託などの請負─

　大原農場株式会社は、同じ町内の農家である甲所有の農地について基幹三作業のすべてを受託している。また、そこから得られる収穫物を自己の名義で販売し、その販売代金から、農作業受託料と販売手数料を差し引いた残額を精算金として甲に支払っている。

　以下の資料に基づき、大原農場株式会社のX1年産米に関する仕訳をしなさい。なお、販売代金の収受・精算金の支払は、販売日において現金により行っている。

【資料】

① 　販売代金：1,000,000円

② 　農作業受託料：750,000円

③ 　販売手数料：100,000円

④ 　精算金：①－②－③＝150,000円

【解答】

(現　　　　　　　金)	1,000,000	(製　品　売　上　高)	1,000,000
(圃　場　管　理　費)	150,000	(現　　　　　　　金)	150,000

第3節　交付金等

1．交付金等

　法令に基づき給付を受ける交付金等については、仮にその金額が未確定の場合についても、その給付の事実があった日の属する事業年度終了の日において金額を見積もるのが原則である（交付事実発生日基準）。しかしながら、農業に関する交付金等については、価格動向によって交付単価が事後的に決められるものも多く、また、交付対象となる数量等の確定に農産物検査が義務付けられているため、その交付の原因となった農畜産物の出荷の事実からこれに関する交付金の交付までの期間が長く、その金額の見積もりが困難な場合が多い。このため、交付金等の収益の計上時期については、支払いの通知を受けた日（通知書がない場合は交付を受けるべき日）をもって収益の実現の日とすることができる（交付金等通知日基準）。

　ただし、肉用牛免税に関連する交付金等は、税務上、1頭ごとに収益と費用を対応させる必要があることから、対象牛を売却した日をもって収益の実現の日とする（交付事実発生日基準）。

【例題5－5】交付金等の収益認識基準(1)

　大原農場株式会社（決算日：12月末）は、X2年3月22日に、X1年産農産物の価格を補填する交付金について以下の内容の通知を受けた。これに基づき、A.交付事実発生日基準、B.交付金等通知日基準により、①X1年度の決算修正仕訳、②X2年3月22日の仕訳を答えなさい。

【交付金通知書記載内容】

　　交付金額：2,000,000円

　　通知日：X2年3月22日

　　交付日：X2年3月22日（普通預金へ振込）

【解答】

A．交付事実発生日基準

① X1年度の決算修正仕訳

（未 収 入 金）　2,000,000　　　（価 格 補 填 収 入）　2,000,000

② X2年3月22日

（普 通 預 金）　2,000,000　　　（未 収 入 金）　2,000,000

B．交付金等通知日基準

① X1年度の決算修正仕訳

仕 訳 な し

② X2年3月22日

（普 通 預 金）　2,000,000　　　（価 格 補 填 収 入）　2,000,000

【例題5－6】交付金等の収益認識基準(2)

　大原畜産株式会社（決算日：12月末）は、肉用牛免税の対象となる家畜の飼育、販売を行っている。以下の資料に基づき、肥育牛No.1022の販売に関して受け取った価格補填の交付金について、交付事実発生基準により、①X1年度の決算修正仕訳、②X2年2月28日の仕訳を答えなさい。

【交付金通知書記載内容】

　交付単価：15,000円

　免税対象飼育牛の販売日：X1年12月26日

　通知日：X2年2月28日（同日、普通預金に入金）

【解答】

① X1年度の決算修正仕訳

（未 収 入 金）　15,000　　　（価 格 補 填 収 入）　15,000

② X2年2月28日

（普 通 預 金）　15,000　　　（未 収 入 金）　15,000

2．収入保険

　収入保険制度に加入している農業者が保険金等を請求する場合、保険金等の受領見込み額を見積もって保険期間の収入として計上することとされている。したがって、当期の決算においては、収入金額の減少額を算定すると同時に、翌期に保険金等を請求することによって支払を受ける補てん金の見積額を算定し、これを収入計上する必要がある。つまり、まだ保険請求を行っていない時点で会計上の収入計上を行うことになる。

【例題5－7】収入保険

　1．収入保険制度に加入している当社は、当期、基準収入に対して30％の減収となった。そこで、収入保険の保険金等の受領見込額を見積計算したところ、その額は1,575,000円となった。

【解答】（単位：円）

　　（未　　決　　算）　1,575,000　　　（収入保険補塡収入）　1,575,000

　2．本日、収入保険の保険金等の請求手続を行った。

【解答】（単位：円）

　　（未　収　入　金）　1,575,000　　　（未　　決　　算）　1,575,000

第6章　諸取引の処理

第1節　有形固定資産

1．有形固定資産の意義・種類

　有形固定資産は、具体的な存在形態をもった固定資産であり、以下のものが含まれる。

① 　建　　　　物：店舗、工場、事務所、倉庫などの営業用の建造物等
② 　構　　築　　物：橋、貯水池、煙突その他土地に定着する土木設備又は工作物など
③ 　機　械　装　置：電動機、作業機械、工作機械、化学装置、冷凍装置など
④ 　車　両　運　搬　具：鉄道車両、各種自動車、オートバイなど
⑤ 　工具器具備品：製造用小型器具類、事務用備品類など
⑥ 　土　　　　地

　土地には、店舗、工場、事務所の敷地などの営業用の土地が含まれる。なお、土地は将来にわたって永久的に使用しうる資産であるから、通常、減価償却の対象とはならない。

⑦ 　建　設　仮　勘　定

　建設仮勘定は、現在建設中の有形固定資産に対してなされた支出を記入する勘定である。建物や構築物あるいは大規模の機械装置などの建設には、通常、相当の日数がかかるが、その場合、建設中に行われた一切の支出（例えば、工事前払金、建設材料費、工事請負賃など）を一時的にこの勘定に記入しておき、それが完成したときに、該当する固定資産勘定に振り替えるのである。このように、建設仮勘定は、一時的な仮勘定であるから、減価償却の対象とはならない。

⑧ 　生　　　　物

　生物とは、農業用の減価償却資産である生物をいう。乳牛、繁殖用和牛、種豚などの家畜や、ミカン、カキ、茶といった果樹などの永年作物をいう。

⑨ 　育　成　仮　勘　定

　将来、減価償却資産となる生物を育成するための**育成費用**を支払った場合には、いったん**肥料費勘定**（費用）や**飼料費勘定**（費用）などの借方に記帳する。育成費用は、販売用農畜産物や、成畜・成木にかかる費用と共通しているものが多いため、これらの費用とともに当期総製造費用に集計して育成費用にかかる金額を按分し、期末又は期中に除却や売却、又は成熟などの時点で、**育成費振替高勘定**（費用）を用いて貸方から**育成仮勘定**（資産）の借方に振り替える。

２．減価償却

⑴　減価償却の意義

　建物、備品、車両運搬具などは、使用による物理的価値の減少、陳腐化・不適応化による機能的価値の減少によりその価値が減少する。この価値の減少のことを**減価**という。

　決算日にあたり、当期中の価値の減少部分を費用として計上し、同時に、その減価部分に相当する金額だけ有形固定資産の取得原価を減少させる。この手続を**減価償却**という。減価償却は固定資産に対する「原価配分の原則」の適用である。理論的には、減価の計算を資産ごとに把握し計算する必要があるが、実際上それは不可能である。したがって、一定の減価償却方法によって毎期規則的・計画的に配分していくことになる。

⑵　減価償却計算の３要素

①　取得原価

　購入代価＋付随費用

②　残存価額

　耐用年数到来後における見積処分可能価額

③　耐用年数

　使用可能な見積年数 ^(注)

（注）　耐用年数の決定にあたっては、次に示す減価の原因が考慮される。

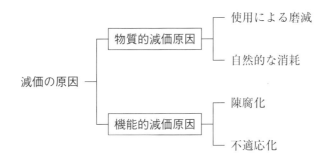

⑶　減価償却費の計算方法

【耐用年数を基準とする方法】

減価が時の経過とともに発生する有形固定資産に適用される方法である。

①　定額法

取得価額から残存価額を差し引いた金額（**要償却総額**）を耐用年数で割って1年分の減価償却費を計算する方法で、毎期の減価償却費が一定（定額）となる。

$$減価償却費＝\frac{取得原価－残存価額}{耐用年数}$$

②　定率法

各固定資産の帳簿価額（未償却残高）に一定の償却率（定率）を乗じて1年分の減価償却費を計算する方法で、毎期の減価償却費が逓減する。

$$減価償却費＝期首帳簿価額×償却率（注）$$

$$（注）\quad 償却率＝1－\sqrt[耐用年数]{\frac{残存価額}{取得価額}}$$

③　級数法

級数法は、1から耐用年数までを合計した数値を分母とし、各年度の期首における残存耐用年数を分子としたものを償却率とし、毎年、それを要償却総額に乗じて減価償却費を算定する方法である。

$$減価償却費＝（取得原価－残存価額）×各期償却率（注）$$

$$（注）\quad 各期償却率＝\frac{各期首における残存耐用年数}{耐用年数合計（1＋2＋…＋耐用年数）}$$

【総利用可能量を基準とする方法】

減価が利用量に比例して生ずる有形固定資産に適用される方法である。

生産高比例法

固定資産生産高（利用高）に比例して毎期の減価償却費を計上する方法であり、この方法は鉱業用設備、航空機、自動車等のように総利用可能高が物理的に確定できる資産に限定される。なお、生産高比例法によれば、有形固定資産を期中に取得した場合でも月割計算をする必要はない。

$$減価償却費＝（取得原価－残存価額）×\frac{当期実際利用量}{総利用可能量}$$

⑷ 250％定率法、200％定率法

250％定率法は、償却率を定額法の償却率（1／耐用年数）を2.5倍した率として、定率法と同様の計算方法で減価償却費を算定する方法である。ただし、特定事業年度以降は残存年数による**均等償却**に切り替えて**備忘価額**（1円）まで償却することになる。

計算式
① 250％定率法の償却率＝$\dfrac{1}{耐用年数}\times 2.5$

② 調整前償却額＝期首帳簿価額×250％定率法の償却率

③ 償却保証額＝取得価額×保証率

（上記②及び③の大小を比較するため、両者を計算することが必要になる）

④ 減価償却費

⑴ 調整前償却額≧償却保証額⇒調整前償却額

⑵ 調整前償却額＜償却保証額⇒改定取得価額×改定償却率

（改定取得価額：調整前償却額が最初に償却保証額に満たなくなる事業年度の期首未償却残高）

なお、償却率を定額法の償却率を2倍した率とする方法（**200％定率法**）もある。

─【例題6－1】200％定率法 ───────────

　次の資料に基づき、償却一覧表を完成させなさい。端数が生じた場合にはその都度円未満を切り捨てること。

　取得原価：9,240,000円

　耐用年数：5年

　償却率：0.4

　保証率：0.10800

　改定償却率：0.500

償却一覧表（単位：円）

年　　数	1	2	3	4	5
期 首 簿 価	9,240,000				
調整前償却額					
償 却 保 証 額					
改定取得価額×改定償却率					
期 末 簿 価					

【解答】（単位：円）

年　　数	1	2	3	4	5
期 首 簿 価	9,240,000	5,544,000	3,326,400	1,995,840	997,920
調整前償却額	3,696,000	2,217,600	1,330,560	798,336	
償 却 保 証 額	997,920	997,920	997,920	997,920	997,920
改定取得価額×改定償却率				997,920	997,919
期 末 簿 価	5,544,000	3,326,400	1,995,840	997,920	1

←──────── 定率法償却 ────────→←──────── 定額法償却 ────────→

調整前償却額≧償却保証額　　　　調整前償却額＜償却保証額

　調整前償却額が償却保証額（取得価額9,240,000×保証率0.10800＝997,920）に満たないこととなる4年目以降の各年度は、改定取得価額（1,995,840）に改定償却率（0.500）を乗じて計算した金額997,920円が償却額となり、5年目において残存価額1円まで償却する。

第2節　無形固定資産

1．無形固定資産の意義

　無形固定資産とは、有形固定資産のように、具体的な存在形態を有しないが、企業の営業活動に対し長期間にわたって貢献する性質の資産である。

2．分　　類

(1)　法律上の権利

① 特　　許　　権……一定期間新発明を独占的に利用することのできる権利
② 実 用 新 案 権……物品の構造や製法の新考案について、一定期間排他的に利用しうる権利
③ 意　　匠　　権……物品の模様や色彩の新考案について、一定期間排他的に利用しうる権利
④ 商　　標　　権……自社で製造ないし販売している製・商品であることを表す商標を一定期間独占的に利用できる権利
⑤ 借　　地　　権……他人の土地を使用することを法律上認められた土地利用権
⑥ 鉱業権・漁業権……一定鉱区ないし一定水域において登録した鉱物等を採掘したり、漁獲をするうえの法的特権

(2)　のれん

　企業の中には、優れた経営者や経営組織、製品ブランドの知名度の高さ、製造技術の高さなどの要因により、同業他社と比べて収益性が高い企業がある。このような超過収益力を有する企業を買収する場合には、継承した純資産額を上回る多額の現金などの対価を交付することになる。のれんは、この純資産額を上回って支払われる対価であり、超過収益力に対して支払われる対価である。

(3)　ソフトウェア

　第4節にて学習する。

3．会計処理

(1)　法律上の権利

　法律上の権利の取得原価は、有形固定資産と同様に、各会計期間に配分されて費用に計上される。法律上の権利の償却は、残存価額をゼロとする定額法によって行う。また、償却の記帳は、取得原価を直接減額する**直接法**による。

> 　借地権については非償却資産とされ、償却計算は行わない。また、鉱業権については定額法ではなく生産高比例法によって償却することもある。

(2)　のれん

　のれんは、資産として計上し、20年以内のその効果の及ぶ期間にわたって、定額法その他合理的な方法により規則的に償却する。償却は残存価額をゼロとして行われ、償却の記帳は直接法による。

【例題6-2】のれん

　次のような財政状態の甲社を10,000千円で買収し、代金は小切手を振り出して支払った。この時の仕訳を示しなさい。なお、資産・負債の時価と帳簿価額は一致している。

甲社		貸　借　対　照　表			（単位：千円）
売　　掛　　金	5,000	買　　掛　　金			7,500
建　　　　物	10,000	資　　本　　金			6,500
		繰　越　利　益　剰　余　金			1,000
	15,000				15,000

【解答】（単位：千円）

（売　掛　金）	5,000	（買　掛　金）	7,500
（建　物）	10,000	（当　座　預　金）	10,000
（の　れ　ん）	2,500※		

　※　貸借差額

第3節　研究開発費とソフトウェア

1．研究開発費

⑴　意　義

　研究とは、新しい知識の発見を目的とした計画的な調査及び探究をいう。また、開発とは、新しい製品等についての計画もしくは設計又は既存の製品等を著しく改良するための計画もしくは設計として、研究の成果その他の知識を具体化することをいう。

　研究開発費は、研究及び開発に要した費用であり、人件費、原材料費、固定資産の減価償却費及び間接費の配賦額等、研究開発のために費消されたすべての原価が含まれる。なお、特定の研究開発目的にのみ使用され、他の目的に使用できない機械装置や特許権等を取得した場合の原価は、取得時の研究開発費とする。

⑵　会計処理・表示

　研究開発費は、**発生時に費用として処理**する。

　研究開発費は、一般管理費又は当期製造費用とする。また、一般管理費及び当期製造費用に含まれる研究開発費の総額は、財務諸表に注記する。

2．ソフトウェア

⑴　意　義

　ソフトウェアとは、コンピュータを機能させるように指令を組み合わせて表現したプログラム等をいう。

⑵　会計処理

　ソフトウェアの制作費の会計処理は、制作目的別に規定される。ソフトウェアの制作目的は、**研究開発目的、販売目的、自社利用**の三つに区分され、販売目的はさらに**受注制作**と**市場販売目的**に区分される。

① 　研究開発目的のソフトウェア

　研究開発目的のソフトウェアの制作費は研究開発費として処理する。

② 　販売目的のソフトウェア

【受注制作のソフトウェア】

　受注制作のソフトウェアは工事契約と同様の収益認識基準が適用される。

【市場販売目的のソフトウェア】

　最初に製品化された製品マスターの完成までの費用は研究開発費として費用処理する。これに対して、最初に製品化された製品マスターの完成後の制作費（製品マスターの機能の改良・強化を行う制作活動のための費用）は資産として計上する。

③　**自社利用のソフトウェア**

　自社利用のソフトウェアについては、利用することにより将来の収益獲得又は費用削減が確実であると認められる場合には、ソフトウェアの制作費（外部購入の場合はソフトウェアの取得に要した費用）を資産として計上する。

⑶　**表　示**

　市場販売目的のソフトウェア及び自社利用のソフトウェアを資産として計上する場合には、ソフトウェアとして無形固定資産の区分に計上する。

■ 第4節　投資その他の資産 ■

1．投資その他の資産に分類されるもの

内　　　容	勘　定　科　目
事業統制や支配等を目的とするもの	・関係会社株式
利殖を目的とするもの	・投資有価証券 ・出資金（外部出資） ・投資不動産など
長期的運用目的のもの	・長期貸付金 ・長期性預金など
長期間保有するもの	・長期差入保証金・敷金 ・破産更生債権等など
その他	・長期前払費用など

2．主要な勘定科目

(1)　関係会社株式

　他企業に対する支配あるいは影響力の行使を目的として保有する株式（子会社株式・関連会社株式）を処理する勘定である。

(2)　投資有価証券

　関係会社以外の株式や社債の他、国債や地方債などを処理する勘定である。

(3)　出資金

　出資者の持分が有価証券の形態をとらないもの（組合や合名会社、合資会社、有限会社等）に対する出資額を処理する勘定である。

(4)　投資不動産

　投資の目的で所有する土地、建物その他の不動産をいう。

(5)　長期性預金

　長期性預金とは、1年以内に期限の到来しない預金を処理する勘定である。

⑹　長期差入保証金

長期差入保証金とは、契約履行の担保として債務者が債権者に対して差し入れた保証金のうち、短期間に返却されないものをいう。なお、敷金は**差入保証金**の一種である。

⑺　敷　金

敷金勘定は、不動産を貸借するにあたり、賃借人が賃貸人に預けておく保証金を処理する勘定である。

⑻　破産更生債権等

相手先が破産、ないし更生手続の開始に入った会社で、債権の回収に相当な長期間が予想される場合、売掛金勘定・受取手形勘定などから、破産更生債権等へ振り替える。

⑼　長期前払費用

前払費用のうち、1年以内に費用化されないものを長期前払費用という。

第5節　有価証券・投資有価証券等

1．保有目的に基づく有価証券の分類と会計処理

　有価証券は、保有目的の観点から以下のように分類されるが、それぞれについて、貸借対照表価額及び評価差額の処理方法等が異なる。

① 　売買目的有価証券

② 　満期保有目的の債券

③ 　子会社株式及び関連会社株式

④ 　その他有価証券

⑴　売買目的有価証券

　時価の変動により利益を得ることを目的として保有する有価証券（以下「**売買目的有価証券**」という）は、時価をもって貸借対照表価額とし、**評価差額**は当期の損益として処理する。

　なお、会計処理方法は、**切放法**、**洗替法**の二つがある。

┌─ **【例題6－3】 売買目的有価証券** ──────────────────

　以下の資料に基づいて、有価証券にかかるX1期末、X2期における仕訳を、イ．洗替法、ロ．切放法、それぞれについて示しなさい。

（単位：千円）

	帳簿価額 （X1期末）	期末時価 （X1期末）	期末時価 （X2期末）	区　　　分
A社株式	10,000	10,200	9,800	売買目的有価証券
B社株式	7,800	7,500	※　(9,000)	売買目的有価証券

※　X2期中にすべて売却した際の売却価額である（代金は当座振込されている）。なお、上記株式については、すべて、X1期中に取得したものである。

【**解答**】（単位：千円）

イ．洗替法

① X1期末

| （有　価　証　券）
A社株式 | 200 | （有価証券評価損益） | 200 |

※　$10,200 - 10,000 = 200$

| （有価証券評価損益） | 300 | （有　価　証　券）
B社株式 | 300 |

※　$7,500 - 7,800 = -300$

② X2期首

| （有価証券評価損益） | 200 | （有　価　証　券）
A社証券 | 200 |

| （有　価　証　券）
B社株式 | 300 | （有価証券評価損益） | 300 |

※　洗替法により、期首に前期末の評価損益を振り戻す。

③ B社株式売却時

| （当　座　預　金） | 9,000 | （有　価　証　券）
B社株式 | 7,800[※1] |
| | | （有 価 証 券 売 却 益） | 1,200[※2] |

※1　有価証券の売却原価は、X1期末の簿価となることに注意すること。

※2　貸借差額

④ X2期末

| （有価証券評価損益） | 200 | （有　価　証　券）
A社株式 | 200 |

※　$9,800 - 10,000 = -200$

ロ．切放法

① X1期末

| （有　価　証　券）
A社株式 | 200 | （有価証券評価損益） | 200 |

| （有価証券評価損益） | 300 | （有　価　証　券）
B社株式 | 300 |

② X2期首

仕　訳　な　し

※　切放法につき、期首に前期末の評価損益を振り戻す処理は行わない。

③　B社株式売却時

（当　座　預　金）	9,000	（有　価　証　券）B社株式	7,500※1
		（有価証券売却益）	1,500※2

　　※1　有価証券の売却原価は、X1期末の時価となることに注意すること。

　　※2　貸借差額

④　X2期末

（有価証券評価損益）	400	（有　価　証　券）A社株式	400

　　※　9,800－10,200＝－400

【参考】

　有価証券評価損益勘定と有価証券売却損益勘定について、これらを一括して有価証券運用損益勘定を用いることがある。

⑵　満期保有目的の債券

　満期まで所有する意図をもって保有する社債その他の債券（以下「満期保有目的の債券」という）は、取得原価をもって貸借対照表価額とする。ただし、債券を債券金額より低い価額又は高い価額で取得した場合において、取得価額と債券金額との差額の性格が金利の調整と認められるときは、償却原価法に基づいて算定された価額をもって貸借対照表価額としなければならない。

　ここで、償却原価法とは、金融資産又は金融負債を債権額又は債務額と異なる金額で計上した場合において、当該差額に相当する金額を弁済期又は償還期に至るまで毎期一定の方法で取得価額に加減する方法をいう。なお、この場合、当該加減額を受取利息又は支払利息に含めて処理する。

　そして、この償却原価法の適用については、原則として利息法によらなければならないが、継続適用を条件として、簡便法である定額法によることも認められている。

①　利息法

　利息法は、債券の契約利子·受取総額と金利調整差額の合計額を債券の帳簿価額に対し一定率（以下「実効（実質）利子率」という）となるように、複利計算で各期の損益に配分する方法である。この場合、当該配分額と契約利子額（クーポン利子額）との差額を帳簿価額に加減する。したがって、増減額（償却額）は次のように計算されることになる。

$$償却額＝帳簿価額（償却原価）×実効（実質）利子率×\frac{月数}{12カ月}－受取クーポン利子額$$

┌─【例題 6 － 4 】満期保有目的の債券（償却原価法：利息法）─────

【資料】を参照して、当社が保有する社債について、以下の仕訳を答えなさい。なお会計期間は毎年 3 月31日を決算日とする 1 年間である。

① X4年 4 月 1 日（購入時）

② X5年 3 月31日（利払日、決算日）

③ X6年 3 月31日（利払日、決算日）

【資料】

　A社社債は、X4年 4 月 1 日に発行された期間 5 年の利付債である（クーポン利子率：年 3 ％、利払日：毎年 3 月末、年 1 回払）。当社は、当該社債の発行時に額面総額1,000,000円を911,000円で取得しており、割引額は、金利の調整と認められる（実質利子率年5.059％）。なお、償却原価は原則的な方法を用いて算定しているが、その計算にあたっては、小数点以下を切り上げること。

【解答】（単位：円）

① X4年 4 月 1 日（購入時：期中取引仕訳）

　（投 資 有 価 証 券）　911,000　　（現　金　預　金）　911,000

② X5年 3 月31日（利払日：期中取引仕訳）

　（現　金　預　金）　30,000[※1]　（有 価 証 券 利 息）　46,088[※3]

　（投 資 有 価 証 券）　16,088[※2]

　※ 1 　1,000,000× 3 ％＝30,000

　※ 2 　911,000×5.059％ － 30,000 ≒16,088（切上げ）
　　　　期首簿価　　実質利子率　クーポン利子額

　　　　期首簿価に実質利子率を乗じて、実質利子額を算定し、そこからクーポン利子額（30,000円）を控除して償却額が決定される（【解説】を参照）。

　※ 3 　借方合計

③ X6年 3 月31日（利払日：期中取引仕訳）

　（現　金　預　金）　30,000[※1]　（有 価 証 券 利 息）　46,902[※3]

　（投 資 有 価 証 券）　16,902[※2]

　※ 1 　1,000,000× 3 ％＝30,000

　※ 2 　927,088×5.059％ － 30,000 ≒16,902（切上げ、【解説】を参照）
　　　　期首簿価　　実質利子率　クーポン利子額

　※ 3 　借方合計

【解説】（単位：円）

　額面と取得原価との差額が金利の調整と認められるときは、償却原価法に基づいて評価額を決定する。また、償却原価法の適用は、原則として利息法（本問）とし、例外として簡便な定額法によることもできる。

利　払　日	期首簿価	償　却　額	期末簿価
X5年 3 月31日	911,000	16,088	927,088
X6年 3 月31日	927,088	16,902	943,990
X7年 3 月31日	943,990	17,757	961,747
X8年 3 月31日	961,747	18,655	980,402
X9年 3 月31日	980,402	※19,598	1,000,000

端数は最終年に調整している。

　なお、利息法の場合、償却原価法適用による帳簿価額の修正は、原則として利払日に期中取引仕訳として行う。ただし、決算整理仕訳で帳簿価額を修正する方法も考えられるので、問題文の指示等に注意すること。決算整理仕訳で帳簿価額を修正する場合は、期中取引仕訳としてクーポン利子額を受け取った仕訳を行い、決算整理仕訳で償却原価法適用の仕訳を行うこととなる。例えば、X5年 3 月31日に行われる仕訳は、以下のとおりとなる。

期中取引仕訳（利払日）
　（現　　金　　預　　金）　　30,000　　（有　価　証　券　利　息）　　30,000
決算整理仕訳
　（投　資　有　価　証　券）　　16,088　　（有　価　証　券　利　息）　　16,088

② 定額法

　定額法は、債券の取得価額と債券金額との差額を、取得日から償還日までの期間で除して各期の損益として月割で均等に配分し、当該配分額を帳簿価額に加減する方法である。

(3)　**子会社株式・関連会社株式**

　他の企業の発行する株式総数の過半数を所有する場合、当該他の企業は当社の**子会社**に該当する。この場合、当社は子会社に対して**親会社**という。また、子会社以外の他の企業の発行する株式総数の20％以上を所有する場合、当該他の企業は**関連会社**に該当する。

　子会社株式及び関連会社株式は、取得原価により評価する。また、貸借対照表の投資その他の資産の区分に、**関係会社株式**の科目により一括して計上する。

【例題６－５】子会社株式及び関連会社株式

以下の取引に関する仕訳を示しなさい。

① 当社は、Ｆ社の発行済株式総数の60％を500,000千円で購入し、代金は小切手を振り出して支払った。

② 本日決算日である。保有するＦ社株式の決算日の時価総額は510,000千円であった。

【解答】（単位：千円）

① （関 係 会 社 株 式）　　500,000　　　　（当 座 預 金）　　500,000

② 仕 訳 な し

※ 子会社株式及び関連会社株式に分類された保有有価証券の期末評価額は取得原価で評価する。したがって、仕訳は必要ない。また、勘定科目として、関係会社株式勘定の代わりに**子会社株式勘定**の場合もある。

---

(4) **その他有価証券**

　売買目的有価証券、満期保有目的の債券、子会社株式及び関連会社株式**以外**の有価証券（以下**その他有価証券**という）は、**時価**をもって貸借対照表価額とし、評価差額は洗替方式に基づき、次のいずれかの方法により処理する。

　(1) 評価差額の合計額を純資産の部に計上する。

　(2) 時価が取得原価を上回る銘柄に係る評価差額は純資産の部に計上し、時価が取得原価を下回る銘柄に係る評価差額は当期の損失として処理する。

　なお、純資産の部に計上されるその他有価証券の評価差額については、貸借対照表上、純資産の部において、株主資本の次に**評価・換算差額等**の区分を設け、**その他有価証券評価差額金**の科目をもって表示する。

① **原則：全部純資産直入法**

　評価差額の合計額について、純資産の部に計上する方法である。

　ａ．評価益が算定される場合

（投 資 有 価 証 券）　　×××　　（その他有価証券評価差額金）　　×××

　　　　　　　　　　　　　　　　　　　　　　　　　純資産

　ｂ．評価損が算定される場合

（その他有価証券評価差額金）　　×××　　（投 資 有 価 証 券）　　×××

　純資産

②　例外：部分純資産直入法

時価が取得原価を上回る銘柄に係る評価差額は純資産の部に計上し、時価が取得原価を下回る銘柄に係る評価差額は当期の損失として処理する方法である。

ａ．評価益が算定される場合

全部純資産直入法と同じ。

ｂ．評価損が算定される場合

（投資有価証券評価損）　　　××× 営業外費用	（投　資　有　価　証　券）　　　×××

【例題6−6】　その他有価証券

当社が所有する有価証券はすべてその他有価証券に属するものであり、その内訳は下表のとおりである。これを参考にして、イ．全部純資産直入法を採用した場合、ロ．部分純資産直入法を採用した場合、以下の仕訳をそれぞれについて答えなさい。

①　X1年度末　　：決算整理仕訳
②　X2年度期首：再振替仕訳
③　X2年度末　　：決算整理仕訳

銘柄	X1年度		X2年度
	帳簿価額	期末時価	期末時価
D社株式	3,600千円	3,300千円	2,700千円
E社株式	3,200千円	3,400千円	3,800千円
合計	6,800千円	6,700千円	6,500千円

なお、上記有価証券は、すべてX1年度期中に取得したものであり、X2年度末まで一切売却等は行われていない。

【**解答**】（単位：千円）

イ．全部純資産直入法を採用した場合

①　X1年度末：決算整理仕訳

| （その他有価証券評価差額金） | 300 | （投 資 有 価 証 券）
D社株式 | 300 |

※　$3,300 - 3,600 = -300$

| （投 資 有 価 証 券）
E社株式 | 200 | （その他有価証券評価差額金） | 200 |

※　$3,400 - 3,200 = 200$

②　X2年度期首：再振替仕訳

| （投 資 有 価 証 券）
D社株式 | 300 | （その他有価証券評価差額金） | 300 |
| （その他有価証券評価差額金） | 200 | （投 資 有 価 証 券）
E社株式 | 200 |

③　X2年度末：決算整理仕訳

| （その他有価証券評価差額金） | 900 | （投 資 有 価 証 券）
D社株式 | 900 |

※　$2,700 - 3,600 = -900$

| （投 資 有 価 証 券）
E社株式 | 600 | （その他有価証券評価差額金） | 600 |

※　$3,800 - 3,200 = 600$

ロ．部分純資産直入法を採用した場合

①　X1年度末：決算整理仕訳

| （投資有価証券評価損） | 300 | （投 資 有 価 証 券）
D社株式 | 300 |

※　$3,300 - 3,600 = -300$

| （投 資 有 価 証 券）
E社株式 | 200 | （その他有価証券評価差額金） | 200 |

※　$3,400 - 3,200 = 200$

②　X2年度期首：再振替仕訳

| （投 資 有 価 証 券）
D社株式 | 300 | （投資有価証券評価損） | 300 |
| （その他有価証券評価差額金） | 200 | （投 資 有 価 証 券）
E社株式 | 200 |

③　X2年度末：決算整理仕訳

| （投資有価証券評価損） | 900 | （投 資 有 価 証 券）
D社株式 | 900 |

※　2,700 − 3,600 = − 900

| （投 資 有 価 証 券）
E社株式 | 600 | （その他有価証券評価差額金） | 600 |

※　3,800 − 3,200 = 600

(5)　有価証券の減損処理

①　時価のある有価証券

　満期保有目的の債券、子会社株式及び関連会社株式並びにその他有価証券のうち、市場価格のない株式等以外のものについて時価が著しく下落したときは、回復する見込みがあると認められる場合を除き、時価をもって貸借対照表価額とし、評価差額は当期の損失として処理しなければならない。

　時価のある有価証券の時価が「時価が著しく下落したとき」とは、必ずしも数値化できるものではないが、個々の銘柄の有価証券の時価が取得原価に比べて50％程度以上下落した場合には、「時価が著しく下落したとき」に該当する。

②　市場価格のない株式等

　市場価格のない株式等については、発行会社の財政状態の悪化により実質価額が著しく低下したときは、相当の減額をなし、評価差額は当期の損失として処理しなければならない。

③　減損処理後の有価証券

　減損処理を行った場合には、当期末の時価又は実質価額を翌期首の取得原価とする。

【例題6-7】減損処理

当社は、以下の株式を保有している。当期の決算整理仕訳を示しなさい。

【資料1】 当社が保有する株式の明細

銘　　柄	取得原価	期末時価	持株割合	区　　分
甲社株式	100,000千円	40,000千円	12%	その他有価証券
乙社株式	150,000千円	———————	80%	子会社株式

【資料2】 その他参照事項

1. 甲社株式は期末現在、取得原価に対して時価が著しく下落しており、回復する可能性は不明である。

2. 乙社株式は、時価が算定できないが、乙社の財政状態は著しく悪化している。

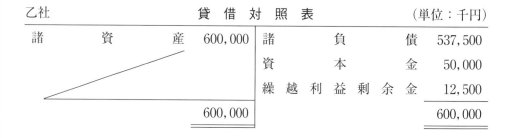

乙社	貸　借　対　照　表	（単位：千円）
諸　　資　　産　　600,000	諸　　　負　　　債　　537,500	
	資　　　本　　　金　　50,000	
	繰　越　利　益　剰　余　金　　12,500	
600,000	600,000	

3. 当社はその他有価証券の処理は全部純資産直入法を採用している。

【解答】（単位：千円）

（投資有価証券評価損）　　60,000　　（投　資　有　価　証　券）　　60,000
特別損失

※　40,000－100,000＝－60,000

（関係会社株式評価損）　　100,000　　（関　係　会　社　株　式）　　100,000
特別損失

※　（600,000－537,500）×80％－150,000＝－100,000

【解説】

その他有価証券の会計処理は、洗替法であるが、減損処理を行った場合は、切放法によることから、翌期首に洗替処理を行わないことに注意すること。

２．外部出資

　株式会社が株式会社以外の会社等に出資を行った場合、その支出額は出資金勘定を用いて会計処理を行う。これに対して、農事組合法人が農業協同組合や株式会社以外の会社等に出資を行った場合、その支出額は**外部出資勘定**を用いて会計処理を行う。外部出資は、その他有価証券のうちの「市場価格のない株式等」に準じて会計処理を行う。

【例題 6 − 8 】外部出資

　以下の取引の仕訳を示しなさい。

　Ａ農事組合法人は、Ｂ農業協同組合に対する出資を行い、出資額1,500千円を普通預金口座から支払った。

【解答】（単位：千円）

　（外　　部　　出　　資）　　1,500　　（普　　通　　預　　金）　　1,500

第6節　リース取引

1．リース取引の意義

　リース取引とは、特定の物件の所有者である貸手が、当該物件の借手に対し、合意された期間（リース期間）にわたりこれを使用収益する権利を与え、借手は合意された使用料（リース料）を貸手に支払う取引をいう。

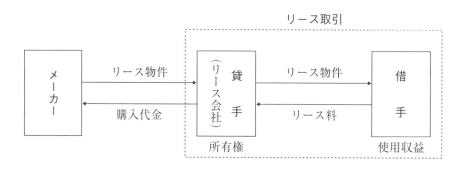

2．分　類

⑴　ファイナンス・リース取引

　ファイナンス・リース取引は、以下の2要件を満たすリース取引をいう。リース取引の法的形式は賃貸借取引であるが、ファイナンス・リース取引に該当する場合のリース取引の経済的実態は、資金を借り入れてリース物件を購入し、その後、借入金を分割返済する取引であるとみることができる。

①　ノンキャンセラブル

　リース契約に基づくリース期間の中途において、契約を解除することができない。

②　フルペイアウト

　借手が、リース物件からもたらされる経済的利益を実質的に享受することができ、かつ、リース物件の使用に伴って生じるコストを実質的に負担することになる。

⑵　オペレーティング・リース取引

　オペレーティング・リース取引は、ファイナンス・リース取引以外のリース取引をいう。

(3)　**具体的な判定基準**

　リース取引がファイナンス・リース取引に該当するかどうかについては、ノンキャンセラブル・フルペイアウトの要件を満たす必要があり、その経済的実質に基づいて判断すべきであるが、具体的には次の①又は②のいずれかに該当する場合には、ファイナンス・リース取引と判定される。

①　**現在価値基準**

　解約不能のリース期間中のリース料総額の現在価値が、**貸手の現金購入価額**（借手に明示されている場合）又は**見積現金購入価額**（リース物件を借手が現金で購入するものと仮定した場合の合理的見積金額、借手に貸手の現金購入価額が明示されていない場合）の概ね**90％以上**であること。

　現在価値の算定に用いる割引率は、**貸手の計算利子率**（借手がこれを知り得る場合）又は**借手の追加借入利子率**（借手が貸手の計算利子率を知り得ない場合）による。

②　**経済的耐用年数基準**

　解約不能のリース期間が、リース物件の経済的耐用年数の概ね**75％以上**であること。

【例題 6 － 9 】ファイナンス・リース取引の判定

　以下の解約不能なリース取引がファイナンス・リース取引に該当するか否かを判定しなさい。現在価値の算定にあたっては、借手の追加借入利子率：年 3 ％を用いるものとし、円未満の端数が生じた場合には四捨五入すること。

リース物件	リース期間	経済的耐用年数	年間リース料（年度末後払い）	リース契約時の見積現金購入価額
A 車両	3 年	6 年	300,000円	950,000円
B 車両	2 年	4 年	250,000円	520,000円

【解答】（単位：円）

1 ．A 車両

(1)　経済的耐用年数基準

　　リース期間： 3 年/経済的耐用年数： 6 年＝50％＜75％

(2)　現在価値基準

　　リース料総額の現在価値：$300,000 \div (1 + 3\%) + 300,000 \div (1 + 3\%)^2 + 300,000 \div (1 + 3\%)^3 \fallingdotseq 848,583$

　　リース料総額の現在価値：848,583/見積現金購入価額：950,000≒89.3％＜90％

---

(3)　判定⇒2条件ともに満たさないため、ファイナンス・リース取引には該当せず、オペレーティング・リース取引に該当する。

2．B車両

(1)　経済的耐用年数基準

リース期間：2年/経済的耐用年数：4年＝50％＜75％

(2)　現在価値基準

リース料総額の現在価値：250,000÷（1＋3％）＋250,000÷（1＋3％）^{2}≒478,367

リース料総額の現在価値：478,367/見積現金購入価額：520,000≒92.0％≧90％

(3)　判定⇒現在価値基準を満たすため、ファイナンス・リース取引に該当する。

3．オペレーティング・リース取引

オペレーティング・リース取引については、通常の賃貸借取引に係る方法に準じて会計処理を行う。

【例題6－10】オペレーティング・リース取引

以下の取引に関する当社（決算日：3月31日）のX1年度の会計処理を示しなさい。

当社は、X1年4月1日に、リース会社とリース契約を行い、備品をリースし使用している。リース期間は4年、リース料は、毎年3月末日に30,000千円ずつ現金で支払う契約となっている。なお、当該リース取引はオペレーティング・リース取引に該当する。

【解答】（単位：千円）

1．リース取引開始日（X1年4月1日）

　　仕　訳　な　し

2．リース料支払時（X2年3月31日）

（支払リース料）　30,000　（現金預金）　30,000

4．ファイナンス・リース取引

　ファイナンス・リース取引は、リース契約上の諸条件に照らしてリース物件の所有権が借手に移転すると認められるもの（**所有権移転ファイナンス・リース取引**）とそれ以外の取引（**所有権移転外ファイナンス・リース取引**）に分類される。次の①から③のいずれかに該当する場合には、所有権移転ファイナンス・リース取引に該当するものとし、それ以外は所有権移転外ファイナンス・リース取引に該当する。

①　所有権移転条項

　リース契約上、リース期間終了後又はリース期間の中途でリース物件の所有権が借手に移転する。

②　割安購入選択権

　リース契約上、借手に対して、リース期間終了後又はリース期間の中途で、名目的価額又はその行使時点のリース物件の価額に比して著しく有利な価額で買い取る権利（**割安購入選択権**）が与えられており、その行使が確実に予想される。

③　特別仕様物件

　リース物件が、借手の用途等に合わせて特別の仕様により製作又は建設されたものであって、その使用可能期間を通じて借手によってのみ使用される。

5．ファイナンス・リース取引の会計処理

⑴　リース取引開始日

　ファイナンス・リース取引については、通常の売買取引に係る方法に準じて会計処理を行う。すなわち、資金を借り入れてリース物件を購入したものとして、リース取引開始日に、リース物件とこれに係る債務をリース資産及びリース債務として計上する。

（リ ー ス 資 産）　×××　（リ ー ス 債 務）　×××

　※　仕訳の金額は、貸手の現金購入価額など

⑵　リース料支払日

　リース料総額は、原則として、利息相当額部分とリース債務の元本返済部分とに区分計算し、前者は支払利息として処理し、後者はリース債務の元本返済として処理する。なお、全リース期間にわたる利息相当額の総額は、リース取引開始日におけるリース料総額とリース資産（リース債務）の計上価額との差額になる。

　また、利息相当額の総額をリース期間中の各期に配分する方法は、原則として、利息法による。利息法によれば、各期の支払利息相当額はリース債務の未返済元本残高に一定の利率を乗じて算定する。

| （リ ー ス 債 務） | ×××[3] | （現 金 預 金） | ×××[1] |
| （支 払 利 息） | ×××[2] | | |

※1　支払リース料
※2　リース債務残高×一定の利率
※3　貸借差額

6．表　示

　リース資産については、原則として、有形固定資産、無形固定資産の別に、一括してリース資産として表示する。ただし、有形固定資産又は無形固定資産に属する各科目に含めることもできる。

　リース債務については、貸借対照表日後1年以内に支払いの期限が到来するものは流動負債に属するものとし、貸借対照表日後1年を超えて支払いの期限が到来するものは固定負債に属するものとする。

7．所有権移転ファイナンス・リース取引

(1)　リース資産及びリース債務の計上価額

	リース資産及びリース債務の計上価額
借手においてリース物件の貸手の現金購入価額が明らかな場合	貸手の現金購入価額
借手においてリース物件の貸手の現金購入価額が明らかでない場合	下記①と②のいずれか低い額 ①リース料総額の割引現在価値 算定に用いる利率 貸手の計算利子率を知り得る場合⇒貸手の計算利子率 貸手の計算利子率を知り得ない場合⇒借手の追加借入利子率 ②見積現金購入価額

　所有権移転ファイナンス・リース取引において、貸手の計算利子率はリース料総額の割引現在価値がリース物件の貸手の現金購入価額と等しくなるような利率である。

　借手においてリース物件の貸手の現金購入価額が明らかでない場合に、リース資産及びリース債務の計上価額として、リース料総額を借手の追加借入利子率で割り引いた割引現在価値と見積現金購入価額のいずれか低い額とするのは、経済人の合理的行動として、一つのものに対して二つの価格があれば、低い方を購入するはずだからである。

(2)　適用する利率

　各期の支払利息相当額を算定するための利率は、リース料総額の割引現在価値がリース債務の当初計上額と等しくなるような利率である。例えば、当初リース債務を貸手の現金購入価額で計上するのであれば貸手の計算利子率、リース料総額を借手の追加借入利子率で割り引いた現在価値で計上するのであれば借手の追加借入利子率を用いる。また、当初リース債務を見積現金購入価額で計上する場合は、基本的に貸手の計算利子率でも借手の追加借入利子率でもない別の利率が必要となる。

(3)　リース資産の減価償却

　自己所有の固定資産に適用する減価償却方法と同一の方法により減価償却費を算定する。この場合の耐用年数は**経済的使用可能予測期間**とする。

─【例題6−11】所有権移転ファイナンス・リース取引⑴─

　以下のファイナンス・リース取引について、借手である当社（決算日：3月31日）の会計処理を示しなさい。なお、計算上端数が生じた場合には千円未満を四捨五入すること。

1．リース取引開始日：X1年4月1日

2．解約不能のリース期間：3年

3．リース物件の貸手の現金購入価額：500,000千円（借手において明らか）

4．リース料総額：540,000千円（1年分：180,000千円、毎年3月末に経過した1年分のリース料を現金で支払う）

5．貸手の計算利子率：年3.949%（借手において明らか）

6．減価償却方法：定額法（残存価額：取得原価の10%、経済的耐用年数：4年）

7．リース期間終了後、リース物件の所有権は当社に移転する。

【解答】（単位：千円）

1．X1年4月1日（リース取引開始日）

⑴　リース資産及びリース債務の計上

（リ　ー　ス　資　産）　　500,000　　（リ　ー　ス　債　務）　　500,000

　※　所有権移転条項より、所有権移転ファイナンス・リース取引に該当する。また、貸手の現金購入価額が明らかであるため、当該価額をリース資産及びリース債務の計上額とする。

⑵　リース債務計上価額と利子率の関係

　　毎年のリース料を貸手の計算利子率で割引計算すると貸手の現金購入価額となるため、貸手の計算利子率により各期の支払利息相当額を計算する。

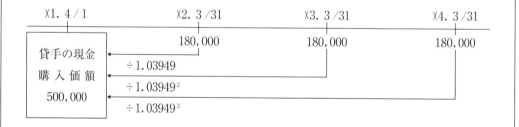

２．X2年３月31日

(1)　第１回リース料支払時

|（リ ー ス 債 務）|160,255[※2]|（現 金 預 金）|180,000|
|（支 払 利 息）|19,745[※1]| | |

　※１　500,000×3.949%＝19,745

　　　　貸手の計算利子率を用いる。

　※２　貸借差額

(2)　減価償却

|（減 価 償 却 費）|112,500|（減価償却累計額）|112,500|

　※　500,000×（１－10%）÷４年＝112,500

３．X3年３月31日

(1)　第２回リース料支払時

|（リ ー ス 債 務）|166,583[※2]|（現 金 預 金）|180,000|
|（支 払 利 息）|13,417[※1]| | |

　※１　（500,000－160,255）×3.949%≒13,417

　※２　貸借差額

(2)　減価償却

|（減 価 償 却 費）|112,500|（減価償却累計額）|112,500|

４．X4年３月31日

(1)　第３回リース料支払時

|（リ ー ス 債 務）|173,162[※2]|（現 金 預 金）|180,000|
|（支 払 利 息）|6,838[※1]| | |

　※１　（500,000－160,255－166,583）×3.949%≒6,838

　※２　貸借差額

　　　　この結果、リース債務はゼロとなる。

(2)　減価償却

|（減 価 償 却 費）|112,500|（減価償却累計額）|112,500|

　※　リース期間終了時に所有権が移転した場合、自己所有の固定資産に振り替え、減価償却を継続する。

5．リース債務の返済スケジュール表（利率：3.949%）

返済日	期首元本	支払リース料	利息分	元本分	期末元本
X2年3月31日	500,000	180,000	19,745	160,255	339,745
X3年3月31日	339,745	180,000	13,417	166,583	173,162
X4年3月31日	173,162	180,000	6,838	173,162	0
合計	—	540,000	40,000	500,000	—

利息分：期首元本×利率

元本分：支払リース料－利息分

期末元本：期首元本－元本分

6．X2年3月31日における貸借対照表

貸　借　対　照　表

固定資産		流動負債	
リース資産	500,000	リース債務	166,583
減価償却累計額	△112,500	固定負債	
		リース債務	173,162

【例題6－12】所有権移転ファイナンス・リース取引(2)

　以下のファイナンス・リース取引について、借手である当社（決算日：3月31日）の会計処理を示しなさい（減価償却費の計上は省略）。なお、計算上端数が生じた場合には千円未満を四捨五入すること。

1．リース取引開始日：X1年4月1日

2．解約不能のリース期間：3年

3．リース物件の借手の見積現金購入価額：240,000千円

4．リース料総額：260,700千円（1年分：86,900千円、毎年3月末に経過した1年分のリース料を現金で支払う）

5．借手の追加借入利子率：年5％

6．リース期間終了後、リース物件の所有権は当社に移転する。

7．リース物件の貸手の現金購入価額及び計算利子率は不明である。

【解答】（単位：千円）

1．X1年4月1日（リース取引開始日）

(1) リース資産及びリース債務の計上価額

　　所有権移転条項より、所有権移転ファイナンス・リース取引に該当する。また、貸手の現金購入価額と計算利子率が明らかでないため、追加借入利子率によるリース料総額の割引現在価値と借手の見積現金購入価額のうち低い額をリース資産及びリース債務の計上価額とする。

① 追加借入利子率によるリース料総額の割引現在価値

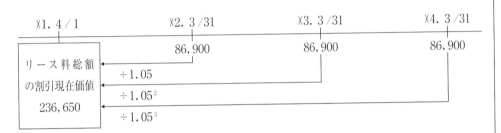

② 借手の見積現金購入価額：240,000

③ 追加借入利子率によるリース料総額の割引現在価値236,650＜借手の見積現金購入価額240,000

　　したがって、リース資産及びリース債務の計上価額は236,650となる。

(2) リース資産及びリース債務の計上

　　（リ　ー　ス　資　産）　236,650　　　（リ　ー　ス　債　務）　236,650

2．X2年3月31日（第1回リース料支払時）

　　（リ　ー　ス　債　務）　75,067[※2]　（現　金　預　金）　86,900

　　（支　払　利　息）　11,833[※1]

　※1　236,650×5％≒11,833

　　　借手の追加借入利子率を用いる。

　※2　貸借差額

3．X3年3月31日（第2回リース料支払時）

　　（リ　ー　ス　債　務）　78,821[※2]　（現　金　預　金）　86,900

　　（支　払　利　息）　8,079[※1]

　※1　（236,650－75,067）×5％≒8,079

　※2　貸借差額

4．X4年3月31日（第3回リース料支払時）

（リ　ー　ス　債　務）　82,762^{※2}　　（現　金　預　金）　86,900

（支　払　利　息）　4,138^{※1}

※1　$(236,650 - 75,067 - 78,821) \times 5\% \doteqdot 4,138$

※2　貸借差額

　　この結果、リース債務はゼロとなる。

5．リース債務の返済スケジュール表（利率：5％）

返済日	期首元本	支払リース料	利息分	元本分	期末元本
X2年3月31日	236,650	86,900	11,833	75,067	161,583
X3年3月31日	161,583	86,900	8,079	78,821	82,762
X4年3月31日	82,762	86,900	4,138	82,762	0
合計	—	260,700	24,050	236,650	—

【例題6－13】所有権移転ファイナンス・リース取引(3)

　以下のファイナンス・リース取引について、借手である当社（決算日：3月31日）の会計処理を示しなさい（減価償却費の計上は省略）。なお、計算上端数が生じた場合には千円未満を四捨五入すること。

1．リース取引開始日：X1年4月1日

2．解約不能のリース期間：3年

3．リース物件の借手の見積現金購入価額：230,000千円

4．リース料総額：260,700千円（1年分：86,900千円、毎年3月末に経過した1年分のリース料を現金で支払う）

5．借手の追加借入利子率：年5％

6．利息相当額の算定に必要な利子率：年6.536％

7．リース期間終了後、リース物件の所有権は当社に移転する。

8．リース物件の貸手の現金購入価額及び計算利子率は不明である。

【解答】（単位：千円）

1．X1年4月1日（リース取引開始日）

(1)　リース資産及びリース債務の計上価額

　　所有権移転条項より、所有権移転ファイナンス・リース取引に該当する。また、貸手の現金購入価額と計算利子率が明らかでないため、追加借入利子率によるリース料総額の割引現在価値と借手の見積現金購入価額のうち低い額をリース資産及びリース債務の計上価額とする。

①　追加借入利子率によるリース料総額の割引現在価値

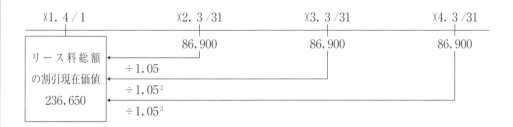

②　借手の見積現金購入価額：230,000

③　追加借入利子率によるリース料総額の割引現在価値236,650＞借手の見積現金購入価額230,000

　　したがって、リース資産及びリース債務の計上価額は230,000となる。

(2)　リース資産及びリース債務の計上

　　（リ　ー　ス　資　産）　230,000　　（リ　ー　ス　債　務）　230,000

(3)　リース債務計上価額と利子率の関係

　　毎年のリース料を利息相当額の算定に必要な利子率で割引計算すると見積現金購入価額となる。

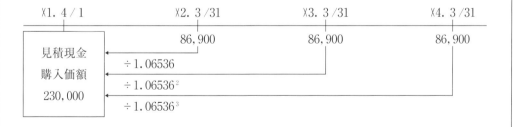

2．X2年3月31日（第1回リース料支払時）

（リ　ー　ス　債　務）　71,867※2　　（現　金　預　金）　86,900

（支　払　利　息）　15,033※1

※1　230,000×6.536%≒15,033

　　　利息相当額の算定に必要な利子率を用いる。

※2　貸借差額

3．X3年3月31日（第2回リース料支払時）

（リ　ー　ス　債　務）　76,564※2　　（現　金　預　金）　86,900

（支　払　利　息）　10,336※1

※1　（230,000−71,867）×6.536%≒10,336

※2　貸借差額

4．X4年3月31日（第3回リース料支払時）

（リ　ー　ス　債　務）　81,569※2　　（現　金　預　金）　86,900

（支　払　利　息）　5,331※1

※1　（230,000−71,867−76,564）×6.536%≒5,331

※2　貸借差額

　　　この結果、リース債務はゼロとなる。

5．リース債務の返済スケジュール表（利率：6.536%）

返済日	期首元本	支払リース料	利息分	元本分	期末元本
X2年3月31日	230,000	86,900	15,033	71,867	158,133
X3年3月31日	158,133	86,900	10,336	76,564	81,569
X4年3月31日	81,569	86,900	5,331	81,569	0
合計	—	260,700	30,700	230,000	—

8．所有権移転外ファイナンス・リース取引

(1)　リース資産及びリース債務の計上価額

	リース資産及びリース債務の計上価額
借手においてリース物件の貸手の現金購入価額が明らかな場合	下記①と②のいずれか低い額
	①リース料総額の割引現在価値
	算定に用いる利率 貸手の計算利子率を知り得る場合⇒貸手の計算利子率 貸手の計算利子率を知り得ない場合⇒借手の追加借入利子率
	②貸手の現金購入価額
借手においてリース物件の貸手の現金購入価額が明らかでない場合	下記①と②のいずれか低い額
	①リース料総額の割引現在価値
	算定に用いる利率 貸手の計算利子率を知り得る場合⇒貸手の計算利子率 貸手の計算利子率を知り得ない場合⇒借手の追加借入利子率
	②見積現金購入価額

> 　所有権移転外ファイナンス・リース取引において、貸手の計算利子率は、リース料総額とリース期間終了時に見積られる残存価額の合計額の現在価値がリース物件の現金購入価額と等しくなるような利率である。このため、貸手が残存価額を見積っている場合、リース料総額のみを貸手の計算利子率で割引計算すると貸手の現金購入価額より低い額が算定される。したがって、所有権移転外ファイナンス・リース取引では、貸手の現金購入価額が明らかな場合でも、そのままリース資産及びリース債務とはならず、リース料総額の割引現在価値との比較が必要となる。

(2)　適用する利率

　各期の支払利息相当額を算定するための利率は、所有権移転ファイナンス・リース取引と同様である。

⑶　リース資産の減価償却

　リース期間を耐用年数とし、残存価額をゼロとして減価償却費を算定する。所有権移転外ファイナンス・リース取引では、リース期間終了後にリース物件を貸手に返却するため、借手において残存価額はゼロとなる。

【例題 6 −14】所有権移転外ファイナンス・リース取引

　以下のファイナンス・リース取引について、借手である当社（決算日：3 月31日）の会計処理を示しなさい。なお、計算上端数が生じた場合には千円未満を四捨五入すること。

1．リース取引開始日：X1年 4 月 1 日

2．解約不能のリース期間：3 年

3．リース物件の貸手の現金購入価額：100,000千円（借手において明らか）

4．リース料総額：106,500千円（1 年分：35,500千円、毎年 3 月末に経過した 1 年分のリース料を現金で支払う）

5．貸手の計算利子率：年5.518%（借手において明らか）

6．減価償却方法：定額法（経済的耐用年数： 4 年）

7．所有権移転条項及び割安購入選択権は附されておらず、リース物件は特別仕様ではない。

【解答】（単位：千円）

1．X1年 4 月 1 日（リース取引開始日）

⑴　リース資産及びリース債務の計上価額

　　所有権移転条項、割安購入選択権がなく、特別仕様物件でもないため、所有権移転外ファイナンス・リース取引に該当する。また、貸手の現金購入価額と貸手の計算利子率が明らかであるため、貸手の計算利子率によるリース料総額の割引現在価値と貸手の現金購入価額のうち低い額をリース資産及びリース債務の計上価額とする。

①　貸手の計算利子率によるリース料総額の割引現在価値

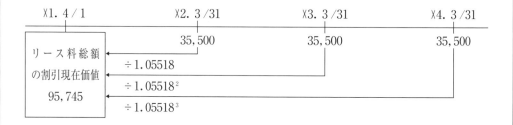

---

② 貸手の現金購入価額：100,000

③ 貸手の計算利子率によるリース料総額の割引現在価値95,745＜貸手の現金購入価額100,000

　　したがって、リース資産及びリース債務の計上価額は95,745となる。

⑵ リース資産及びリース債務の計上

　　（リ ー ス 資 産）　95,745　　（リ ー ス 債 務）　95,745

２．X2年3月31日

⑴ 第1回リース料支払時

　　（リ ー ス 債 務）　30,217[※2]　　（現 金 預 金）　35,500
　　（支 払 利 息）　5,283[※1]

　　※1　95,745×5.518%≒5,283
　　　　　貸手の計算利子率を用いる。

　　※2　貸借差額

⑵ 減価償却

　　（減 価 償 却 費）　31,915　　（減 価 償 却 累 計 額）　31,915

　　※　95,745÷3年=31,915
　　　　耐用年数はリース期間、残存価額はゼロとして計算する。

３．X3年3月31日

⑴ 第2回リース料支払時

　　（リ ー ス 債 務）　31,884[※2]　　（現 金 預 金）　35,500
　　（支 払 利 息）　3,616[※1]

　　※1　(95,745−30,217)×5.518%≒3,616

　　※2　貸借差額

⑵ 減価償却

　　（減 価 償 却 費）　31,915　　（減 価 償 却 累 計 額）　31,915

４．X4年3月31日

⑴ 第3回リース料支払時

　　（リ ー ス 債 務）　33,644[※2]　　（現 金 預 金）　35,500
　　（支 払 利 息）　1,856[※1]

　　※1　(95,745−30,217−31,884)×5.518%≒1,856

　　※2　貸借差額

(2)　減価償却

　　（減　価　償　却　費）　　　31,915　　　（減 価 償 却 累 計 額）　　　31,915

(3)　リース物件の返却

　　（減 価 償 却 累 計 額）　　　95,745　　　（リ　ー　ス　資　産）　　　95,745

　※　リース物件は返却するため、リース資産及び減価償却累計額を消去する。

5．リース債務の返済スケジュール表（利率：5.518%）

返済日	期首元本	支払リース料	利息分	元本分	期末元本
X2年3月31日	95,745	35,500	5,283	30,217	65,528
X3年3月31日	65,528	35,500	3,616	31,884	33,644
X4年3月31日	33,644	35,500	1,856	33,644	0
合計	―	106,500	10,755	95,745	―

第7節　社債

1．社債の意義

社債とは、株式会社が長期資金を調達するために、投資家に対して債券（社債券）を発行することによって生じた長期の債務である。したがって、発行会社は社債権者に対してその額面金額を一定の期限までに**償還**（返済）し、また営業成績に関係なく一定率の利息を支払わなければならない。

《社債券の見本》

N商事株式会社 第1回社債券 金 拾 万 円 利率年7.3%　　A　第0110号 本社債券は、X0年12月20日開催した取締役会の決議に基づき、裏面記載の要項により発行するものである。 X1年1月1日 N商事株式会社 　代表取締役社長　農業太郎 A第0110号	N商事株式会社 第1回社債 金拾万円券利札 6か月利札 X6年1月1日渡 金3，650円 A第0110号	N商事株式会社 第1回社債 金拾万円券利札 6か月利札 X4年7月1日渡 金3，650円 A第0110号	N商事株式会社 第1回社債 金拾万円券利札 6か月利札 X3年1月1日渡 金3，650円 A第0110号	N商事株式会社 第1回社債 金拾万円券利札 6か月利札 X1年7月1日渡 金3，650円 A第0110号
	N商事株式会社 第1回社債 金拾万円券利札 6か月利札 X6年7月1日渡 金3，650円 A第0110号	N商事株式会社 第1回社債 金拾万円券利札 6か月利札 X5年1月1日渡 金3，650円 A第0110号	N商事株式会社 第1回社債 金拾万円券利札 6か月利札 X3年7月1日渡 金3，650円 A第0110号	N商事株式会社 第1回社債 金拾万円券利札 6か月利札 X2年1月1日渡 金3，650円 A第0110号
	N商事株式会社 第1回社債 金拾万円券利札 6か月利札 X7年1月1日渡 金3，650円 A第0110号	N商事株式会社 第1回社債 金拾万円券利札 6か月利札 X5年7月1日渡 金3，650円 A第0110号	N商事株式会社 第1回社債 金拾万円券利札 6か月利札 X4年1月1日渡 金3，650円 A第0110号	N商事株式会社 第1回社債 金拾万円券利札 6か月利札 X2年7月1日渡 金3，650円 A第0110号

2．社債の発行形態

社債の額面金額は、将来償還すべき額を示しているが、社債の**発行価額**はこの額面金額と必ずしも同一ではない。両者が同一の場合を**平価発行**、発行価額が額面金額を超える場合を**打歩発行**、逆に発行価額の方が低い場合を**割引発行**という。発行価額をいくらにするかは、主として社債の約定利子率と一般金融市場利子率との関係によって決められる。

ただ、わが国では打歩発行が行われる場合の事例は少なく、割引発行されるのが普通である。それゆえ、以下においては、主にこの割引発行の場合を考えていくこととする。

3．発行時の会計処理

社債を割引発行した際に、その発行価額をもって社債勘定の貸方に記入する。

また、社債の発行の際には、社債募集の広告費、社債申込書・目論見書・社債券などの印刷費、金融機関の手数料などの費用がかかるが、これらの費用は一括して**社債発行費勘定**に記入する。なお、社債発行費は原則として支出時に費用として処理するが、**繰延資産**として計上することができる。

【例題6−15】発行時の会計処理

次の取引について仕訳を示しなさい。

当社は以下の条件で社債を発行し、払込金を当座預金とした。なお、その際、広告費や手数料などの諸費用30,000円を小切手で支払った。当該諸費用は繰延資産として処理する。

社債額面総額：200,000円

社債発行価額：額面100円につき95円

償還期限：5年

【解答】（単位：円）

（当　座　預　金）	190,000	（社　　　　　債）	190,000※
（社　債　発　行　費）	30,000	（当　座　預　金）	30,000

※　200,000×95円/100円＝190,000

4．社債利息の会計処理

社債が発行されると、起債会社は、発行時の契約に従って、一定日（通常年2回）に一定の利息を支払わなければならない。利息の額は、社債の額面金額に所定の契約利子率を乗じて算定される。

社債の利息は、通常の支払利息とは区別して**社債利息勘定**で処理する。社債利息は、財務費用の性質をもつことから、損益計算書の**営業外費用**に記載する。

【例題6－16】社債利息の処理

　社債額面総額600,000円（年利率5％、利払日3月と9月の各末日）をX1年4月1日に発行した。決算日が12月31日である場合を想定して、次の時点における社債利息に関する仕訳を示しなさい。

①　X1年9月30日（利払日）

②　X1年12月31日（決算日）・決算整理仕訳

③　X2年1月1日（期首）・再振替仕訳

④　X2年3月31日（利払日）

【解答】（単位：円）

①　（社　債　利　息）　　15,000　　　（当　座　預　金）　　15,000

　　※　$600,000 \times 5\% \times \dfrac{6 \text{カ月}}{12\text{カ月}} = 15,000$

②　（社　債　利　息）　　 7,500　　　（未 払 社 債 利 息）　　 7,500

　　※　$600,000 \times 5\% \times \dfrac{3 \text{カ月}(10/1 \sim 12/31)}{12\text{カ月}} = 7,500$

　　　利払日が決算日と異なる場合には、決算日において、前回の利払日の翌日から当該決算日までの経過利息（これを月割計算させる問題が多い）を上記の仕訳によって見越計上することが必要である。なお、これについては、翌期首に再振替記入が行われる。

③　（未 払 社 債 利 息）　　 7,500　　　（社　債　利　息）　　 7,500

　　※　再振替仕訳

④　（社　債　利　息）　　15,000　　　（当　座　預　金）　　15,000

■■■ 第8節　引当金 ■■■

1．引当金の意義・種類

　引当金とは、①将来の特定の費用又は損失であって、②その発生が当期以前の事象に起因し、③発生の可能性が高く、かつ、④その金額を合理的に見積ることができる場合において、当期の負担に属する金額を当期の費用又は損失として計上するために設定される貸方勘定をいう。なお、発生の可能性の低い偶発事象に係る費用又は損失については、引当金を計上することはできない。

　賞与引当金、退職給付引当金、修繕引当金、債務保証損失引当金などがこれに該当する。これらの引当金のうち、通常１年以内に使用される見込みのものは流動負債に属するものとする。

2．賞与引当金

⑴　従業員賞与引当金

　従業員賞与引当金は、労働協約などに基づいて、次期に支払われる予定の従業員賞与のうち、当期の負担に帰属すべき額を見積り計上する場合に設定される引当金である。

　財務諸表の作成時において従業員への賞与支給額が確定していない場合には、支給見込額のうち当期に帰属する額を賞与引当金として計上する。これに対して、従業員への賞与支給額が確定している場合には以下のとおりとなる。
①　従業員への賞与支給額が支給対象期間に対応して算定されている場合には、当期に帰属する額を未払費用として計上する。
②　従業員への賞与支給額が支給対象期間以外の臨時的な要因に基づいて算定されたもの（例えば成功報酬的賞与など）である場合には、その額を未払金として計上する。

　【例題6−17】従業員賞与引当金

　　次の取引について仕訳を示しなさい。
　①　3月31日　決算において、翌期5月末日に支払う予定の従業員賞与60,000千円のうち当期負担分を賞与引当金として計上した。なお、翌期5月末日に支払予定の賞与の計算期間は12月1日から5月31日である。
　②　5月31日　従業員賞与60,000千円を現金で支給した。

【解答】（単位：千円）

① （賞 与 引 当 金 繰 入）　40,000　　（賞 与 引 当 金）　40,000
　　　　製造原価又は販管費　　　　　　　　　　　　流動負債

　※　60,000×4カ月/6カ月＝40,000

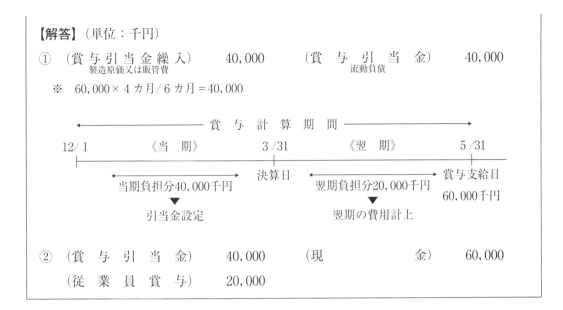

② （賞 与 引 当 金）　40,000　　（現　　　　金）　60,000
　 （従 業 員 賞 与）　20,000

⑵　役員賞与引当金

　役員賞与は、発生した会計期間の費用として処理（引当金を計上）する。

　当事業年度の職務に係る役員賞与を期末後に開催される株主総会の決議事項とする場合には、当該支給は株主総会の決議が前提となるので、当該決議事項とする額又はその見込額（当事業年度の職務に係る額に限るものとする）を、原則として、引当金に計上する。

【例題 6 － 18】役員賞与引当金

　次の取引について仕訳を示しなさい。なお、当期はX5年 4 月 1 日から始まる 1 年間である。

①　決算において、翌期の株主総会で役員賞与として、3,000千円支払う予定である。
②　株主総会において、役員賞与が予定どおり決議され、役員に支払われた。

【解答】（単位：千円）

①　（役 員 賞 与 引 当 金 繰 入）　3,000　　（役 員 賞 与 引 当 金）　3,000
　　　　　　　　　　　　　　　　　　　　　　　　流動負債
②　（役 員 賞 与 引 当 金）　3,000　　（現　金　預　金）　3,000

3．修繕引当金

　修繕引当金は、建物、機械などについて、修繕を必要とする事実が発生しているにもかかわらず、操業の都合などの特殊な理由によって、まだ修繕が行われていない場合、その修繕費を見積って設定される引当金である。

　また、この経常的に行われる修繕を対象とする修繕引当金に対して、数年ごとに行われる大修繕に対して設定されるものは**特別修繕引当金**と呼ばれる。例えば、船舶や溶鉱炉などについての大修繕が設定の対象となる。

【例題6−19】修繕引当金

　次の取引について仕訳を示しなさい。

①　決算において、次期に行われる営業用建物の修繕に備えて修繕引当金1,000千円を設定した。

②　翌期首において上記建物に係る修繕を行い、修繕費900千円を小切手で支払った。

【解答】（単位：千円）

①	（修 繕 引 当 金 繰 入） 販売費及び一般管理費	1,000	（修　繕　引　当　金） 流動負債	1,000
②	（修　繕　引　当　金）	900	（当　座　預　金）	900

4．債務保証損失引当金

　債務保証をすると、主たる債務者が支払不能の状態に陥ったときに、代わって債務を弁済することになる。**債務保証損失引当金**は、他者の債務を保証している場合に、主たる債務者に代わって弁済責任を負わなければならない可能性が高くなったときに、それに備えて設定される引当金である。

【例題6−20】債務保証損失引当金

　次の取引について仕訳を示しなさい。

①　決算において、かねてより債務保証をしているS社の財政状態が著しく悪化したために、債務保証損失引当金300,000千円を設定した。

②　翌期に、S社が倒産したために、同社に代わってその債務400,000千円を小切手で弁済した。なお、弁済に係るS社への求償債権は同社の財政状態からみて回収不能と判断された。

【解答】（単位：千円）

① （債務保証損失引当金繰入）　300,000　　（債務保証損失引当金）　300,000
　　営業外費用又は特別損失　　　　　　　　　　　流動負債又は固定負債

② （債務保証損失引当金）　300,000　　（当　座　預　金）　400,000

　（貸　倒　損　失）　100,000※

　　※　貸借差額

第9節　退職給付会計

1．退職給付の意義・制度

　退職給付とは、一定の期間にわたり労働を提供したこと等の事由に基づいて、退職以後に支給される給付をいう。

　退職給付の支給方法は、退職時に一時に支払われる**退職一時金**と退職後に継続的に支払われる**退職年金**がある。また、企業の退職給付に係る財源の積立方法としては、社内で財源を積み立てる**内部引当**と外部に資金を拠出して財源を積み立てる**外部積立**がある。

　一般に、内部引当の場合は退職一時金として支給され（**退職一時金制度**）、外部積立の場合は退職年金として支給される（**企業年金制度**）。

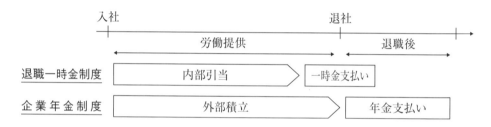

2．会計処理と表示

　退職給付の性格は、労働の対価として支払われる賃金の後払いであると考えられており、基本的に、勤務期間を通じた労働の提供に伴って発生するものと捉えられる。このため、将来の退職給付はその発生した期間に費用として計上するとともに負債の部に計上する。

　退職給付に係る費用は**退職給付費用**として、原則として売上原価又は販売費及び一般管理費に計上する。また、退職給付に係る負債は**退職給付引当金**として固定負債に計上する。

（退 職 給 付 費 用） 売上原価又は販売費及び一般管理費	×××	（退 職 給 付 引 当 金） 固定負債	×××

3．退職一時金制度

⑴　勤務費用

　勤務費用とは、1期間の労働の対価として発生したと認められる退職給付をいう。勤務費用は、**退職給付見込額**（退職により見込まれる退職給付の総額）のうち当期に発生すると認められる額を、割引率を用いて割り引いて計算する。割引率は、国債など安全性の高い債券の利回りを基礎として決定する。

　勤務費用については、各期の費用として計上するとともに、将来の退職給付として負債（**退職給付債務**という）を計上する。

（退 職 給 付 費 用）　　××× 勤務費用	（退 職 給 付 引 当 金）　　××× 退職給付債務

　※　当期に発生すると認められる額÷$(1＋割引率)^n$

例．X3期末に退職

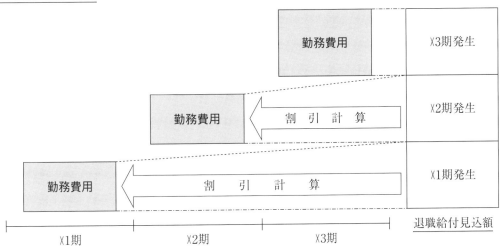

⑵　利息費用

　利息費用とは、割引計算により算定された期首時点における退職給付債務について、期末までの時の経過により発生する計算上の利息をいう。利息費用については、各期の費用として計上するとともに、退職給付債務を増額させる。

（退 職 給 付 費 用）　　××× 利息費用	（退 職 給 付 引 当 金）　　××× 退職給付債務

　※　仕訳の金額は、期首退職給付債務×割引率　にて計算した額

例．X3期末に退職

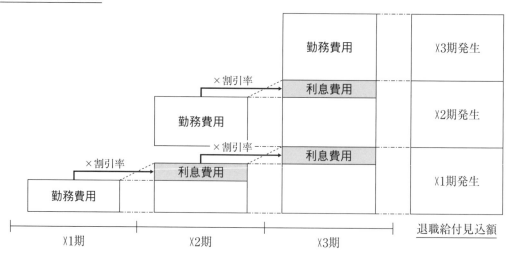

　　勤務費用及び利息費用によって計上される退職給付債務は、退職給付見込額のうち、期末までに発生していると認められる額を割り引いた金額となる。

　　なお、退職給付債務は、原則として個々の従業員ごとに計算する。ただし、従業員を年齢、勤務年数、残存勤務期間及び職系（人事コース）などによりグルーピングし、当該グループの標準的な数値を用いて計算する方法を用いることができる。

⑶　退職一時金の支払い

　退職一時金を支払った場合は、退職給付債務を減額させる。

（退職給付引当金） 退職給付債務	×××　　　（現　金　預　金）　　　×××

─【例題6－21】退職一時金制度⑴─

　以下の資料に基づいて、各期の会計処理を示しなさい。

１．従業員Aは、X1期首に入社し、3年後のX3期末に退職することが確実に見込まれる。

２．退職一時金制度に基づく従業員Aの退職給付見込額は3,630千円と見込まれる。

３．退職給付見込額のうち、各期に発生すると認められる額は1,210千円とする。

４．割引率は10％とする。

５．退職時に従業員Aに退職給付見込額どおりの退職一時金を支払った。

【解答】（単位：千円）

1．X1期

(1)　会計処理（勤務費用）

　　（退 職 給 付 費 用）　　1,000　　　（退 職 給 付 引 当 金）　　1,000
　　　　　　　　　　　　　　　　　　　　　　退職給付債務

　　※　$1,210 \div (1 + 10\%)^2 = 1,000$

(2)　図　解

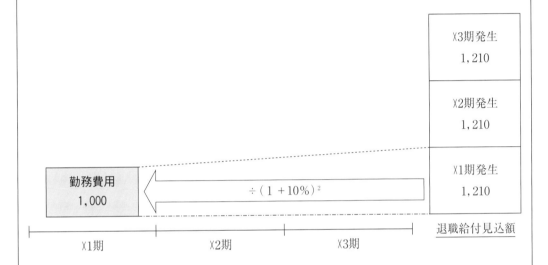

2．X2期

(1)　会計処理

①　勤務費用

　　（退 職 給 付 費 用）　　1,100　　　（退 職 給 付 引 当 金）　　1,100
　　　　　　　　　　　　　　　　　　　　　　退職給付債務

　　※　$1,210 \div (1 + 10\%) = 1,100$

②　利息費用

　　（退 職 給 付 費 用）　　100　　　（退 職 給 付 引 当 金）　　100
　　　　　　　　　　　　　　　　　　　　　退職給付債務

　　※　$1,000 \times 10\% = 100$

　　　なお、退職給付債務はX2期末において、2,200［＝1,000＋1,100＋100］となるが、これは、$(1,210 + 1,210) \div (1 + 10\%) = 2,200$としても算出できる。

(2)　図　解

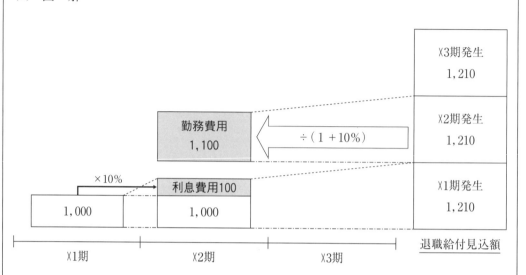

３．X3期

(1)　会計処理

①　勤務費用

（退　職　給　付　費　用）　　　1,210　　　（退　職　給　付　引　当　金）　　　1,210
　　　　　　　　　　　　　　　　　　　　　　　　　退職給付債務

②　利息費用

（退　職　給　付　費　用）　　　220　　　（退　職　給　付　引　当　金）　　　220
　　　　　　　　　　　　　　　　　　　　　　　　　退職給付債務

※　2,200×10％＝220

　　この結果、退職給付債務は3,630［＝2,200＋1,210＋220］となり、退職給付見込額となる。

(2)　図　解

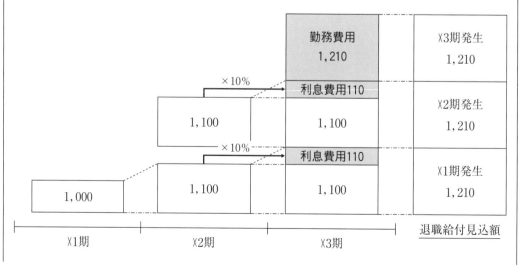

4．退職時（退職一時金の支払い）

（退 職 給 付 引 当 金）　　3,630　　　（現　金　預　金）　　3,630
　　退職給付債務

【例題6－22】退職一時金制度(2)

　以下の資料に基づいて、当期の財務諸表に計上される退職給付引当金及び退職給付費用の金額を求めなさい。

1．当社は非積立型の退職一時金制度を採用している。

2．期首の退職給付債務の金額は30,000千円であった。

3．当期の勤務費用は1,800千円と計算された。

4．割引率は5.0%とする。

5．当期の退職一時金の支払額は750千円であった。

【解答への計算手順】（単位：千円）

1．期首の退職給付引当金　30,000

2．会計処理

(1)　勤務費用

（退 職 給 付 費 用）　　1,800　　　（退 職 給 付 引 当 金）　　1,800
　　　　　　　　　　　　　　　　　　　　　　退職給付債務

(2)　利息費用

（退 職 給 付 費 用）　　1,500　　　（退 職 給 付 引 当 金）　　1,500
　　　　　　　　　　　　　　　　　　　　　　退職給付債務

　※　30,000×5.0% ＝1,500

　　なお、勤務費用と利息費用の会計処理は期首に行う。

(3)　退職一時金の支払い

（退 職 給 付 引 当 金）　　750　　　（現　金　預　金）　　750
　　退職給付債務

3．退職給付引当金勘定の内訳

退職給付債務

一時金支払い	750	期首	
			30,000
期末		勤務費用	1,800
	32,550	利息費用	1,500

　　4．解答の金額

⑴　退職給付引当金：32,550

⑵　退職給付費用：1,800＋1,500＝3,300

4．退職給付見込額の期間帰属

　退職給付見込額のうち期末までに発生したと認められる額は、次のいずれかの方法を選択適用して計算する。

①　期間定額基準

　退職給付見込額について全勤務期間で除した額を各期の発生額とする。

②　給付算定式基準

　退職給付制度の給付算定式に従って各勤務期間に帰属させた給付に基づき見積った額を、退職給付見込額の各期の発生額とする。給付算定式基準を適用する場合、給付算定式に基づく退職給付の支払いが将来の一定期間までの勤務を条件としているときであっても、当期までの勤務に対応する債務を認識するために、当該給付を各期に期間帰属させる。

　なお、この方法による場合、勤務期間の後期における給付算定式に従った給付が、初期よりも著しく高い水準となるときには、当該期間の給付が均等に生じるとみなして補正した給付算定式に従わなければならない。

【例題6－23】退職給付見込額の期間帰属

　以下の資料に基づいて、従業員B及びCに係る退職給付見込額の各期の発生額を⑴期間定額基準および⑵給付算定式基準に基づき、それぞれ計算しなさい。

1．従業員Bは退職給付制度Xに従い、従業員Cは退職給付制度Yに従う。

2．退職給付制度X及びYにおける退職一時金の支給については、以下のとおりである。

	勤　　務　　期　　間		
	10年以下	10年超20年未満	20年以上
退職給付制度X	ゼロ	4,000千円	5,000千円
退職給付制度Y	ゼロ	1,000千円	5,000千円

3．従業員B及びCともに20年の勤務後に退職するものとする。

【解答】（単位：千円）

1．従業員B（退職給付制度X）

(1) 期間定額基準：5,000÷20年＝250（毎期）

(2) 給付算定式基準

① 最初の10年間：4,000÷10年＝400

② 次の10年間：(5,000－4,000)÷10年＝100

2．従業員C（退職給付制度Y）

(1) 期間定額基準：5,000÷20年＝250（毎期）

(2) 給付算定式基準：5,000÷20年＝250（毎期）

　勤務期間の後期における給付が、初期よりも著しく高い水準となるため、給付が均等に生じるとみなした補正により、各年に給付を帰属させる。

5．確定給付企業年金制度

(1) 退職給付債務

　勤務費用及び利息費用並びにこれに伴って計上する退職給付債務の計算は、退職一時金制度の場合と同様である。

（退職給付費用） 勤務費用	×××[※1]	（退職給付引当金） 退職給付債務	×××
（退職給付費用） 利息費用	×××[※2]	（退職給付引当金） 退職給付債務	×××

※1　当期に発生すると認められる額÷$(1＋割引率)^n$

※2　期首退職給付債務×割引率

(2)　年金資産

①　意　義

　企業年金制度を採用している場合、退職給付に充てるため外部の年金基金に資金を積み立てる。特定の退職給付制度のために、企業と従業員との契約（退職金規程等）等に基づいて年金基金に積み立てられた特定の資産を**年金資産**という。年金資産は、年金基金が運用することで増大していくことになる。

　確定給付型の企業年金制度においては、在職時の給与や勤続年数に基づいて計算される金額を支給し、給付額は年金資産の運用収益に影響されない。このため、企業は年金資産の運用に関するリスクを負うことになる。

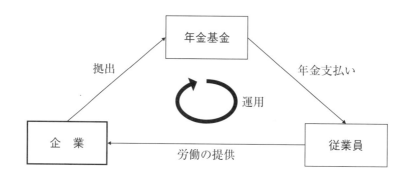

②　会計上の取扱い

　年金資産は、退職給付の支払いのためのみに使用されることが制度的に担保されていることから、これを収益獲得のために保有する一般の資産と同様に貸借対照表に計上することは問題がある。このため、年金資産の金額は退職給付引当金の計上額の計算にあたって差し引くこととされる。すなわち、確定給付企業年金制度においては、退職給付債務から年金資産の額を控除した額（**未積立退職給付債務**）を負債として計上する。

　なお、年金資産の額が退職給付債務を超える場合は、**前払年金費用**として固定資産に計上する。

> 　複数の退職給付制度を採用している場合において、一つの退職給付制度に係る年金資産が当該退職給付制度に係る退職給付債務を超えるときは、当該年金資産の超過額を他の退職給付制度に係る退職給付債務から控除してはならない。

③　年金基金への拠出

　年金基金に資金を拠出した場合は、年金資産の金額を増額させる。

（退職給付引当金） 年金資産	×××	（現　金　預　金）	×××

④　期待運用収益

　　期待運用収益とは、年金資産の運用により生じると合理的に期待される計算上の収益をいう。期待運用収益は、期首の年金資産の額に合理的に期待される収益率（長期期待運用収益率）を乗じて計算する。

　　期待運用収益については、退職給付費用の減額として計上するとともに、年金資産を増額させる。

（退職給付引当金）	×××	（退職給付費用）	×××
年金資産		期待運用収益	

※　仕訳の金額は、**期首年金資産×長期期待運用収益率**　にて算定

⑤　年金基金からの退職年金の支払い

　　年金基金から従業員に退職年金が給付された場合は、退職給付債務及び年金資産を減額させる。

（退職給付引当金）	×××	（退職給付引当金）	×××
退職給付債務		年金資産	

【例題6−24】確定給付企業年金制度

　　以下の資料に基づいて、当期の財務諸表に計上される退職給付引当金及び退職給付費用の金額を求めなさい。

1．当社は従業員非拠出の確定給付企業年金制度を採用している。

2．期首の退職給付債務の金額は80,000千円、期首の年金資産の金額は55,000千円であった。

3．当期の勤務費用は5,200千円と計算された。

4．割引率は4.5%、長期期待運用収益率は4.0%とする。

5．当期の年金基金への拠出額は6,000千円、年金基金からの年金支払額は2,400千円であった。

【解答】（単位：千円）

1．期首の退職給付引当金

　　　80,000 − 55,000 = 25,000

2．会計処理

(1)　勤務費用

（退職給付費用）	5,200	（退職給付引当金）	5,200
		退職給付債務	

(2)　利息費用

（退職給付費用）	3,600	（退職給付引当金）	3,600
		退職給付債務	

　※　80,000 × 4.5% = 3,600

(3)　期待運用収益

　　　（退 職 給 付 引 当 金）　　　2,200　　　（退 職 給 付 費 用）　　　2,200
　　　　　　　年金資産

　　※　55,000×4.0%＝2,200

　　　なお、期待運用収益の会計処理は期首に行う。

(4)　年金基金への拠出

　　　（退 職 給 付 引 当 金）　　　6,000　　　（現　　金　　預　　金）　　　6,000
　　　　　　　年金資産

(5)　年金の支払い

　　　（退 職 給 付 引 当 金）　　　2,400　　　（退 職 給 付 引 当 金）　　　2,400
　　　　　　　退職給付債務　　　　　　　　　　　　　　　　　　　　　年金資産

３．退職給付引当金勘定の内訳

年 金 資 産			
期首		年金支払い	2,400
	55,000	期末	
運用収益	2,200		60,800
拠出	6,000		

退職給付債務			
年金支払い	2,400	期首	
期末			80,000
	86,400	勤務費用	5,200
		利息費用	3,600

４．解答の金額

(1)　退職給付引当金：86,400−60,800＝25,600

(2)　退職給付費用：5,200＋3,600−2,200＝6,600

６．確定拠出企業年金制度

(1)　意　義

　確定拠出型の企業年金制度においては、拠出した掛金の運用実績に基づいて退職給付の額が決定される。確定給付型と違って、企業は年金資産の運用に関するリスクを負わず、掛金の拠出以外の追加的な負担は生じない。

(2)　会計処理

　確定拠出企業年金制度においては、当該制度に基づく要拠出額をもって退職給付費用を計上する。なお、要拠出額をもって費用処理するため、未拠出の額は未払金として計上する。会計処理は拠出額を費用処理するのみであり、将来の債務である退職給付引当金を貸借対照表に計上する必要はない。

第10節　会計上の変更及び誤謬の訂正

１．遡及処理

　上場会社などの特定の会社は、財務諸表を開示するにあたって、当期の財務諸表の比較情報として前期の財務諸表も開示することが求められる。**遡及処理**とは、過去の財務諸表を遡及的に処理することをいい、具体的には、すでに作成された前期の財務諸表を当期において遡及的に修正して開示することになる。

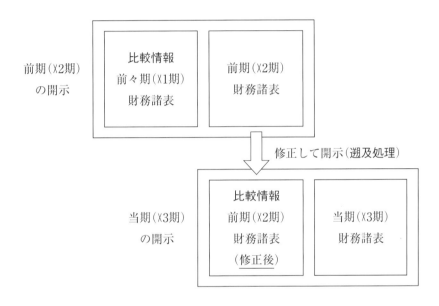

２．会計上の変更及び誤謬の訂正に関する論点整理

　会計方針の変更、表示方法の変更及び**会計上の見積りの変更**を合わせて**会計上の変更**という。過去の財務諸表における**誤謬の訂正**は、会計上の変更には該当しない。会計方針の変更、表示方法の変更及び誤謬の訂正に関しては遡及処理を行うのに対して、会計上の見積りの変更に関しては遡及処理を行わない。

区　　分		遡及処理の有無
会計上の変更	会計方針の変更	遡及処理する （遡及適用）
	表示方法の変更	遡及処理する （財務諸表の組替え）
	会計上の見積りの変更	遡及処理しない
誤謬の訂正		遡及処理する （修正再表示）

3．会計方針の変更

⑴　意　義

　会計方針とは、財務諸表の作成にあたって採用した会計処理の原則及び手続をいう。また、**会計方針の変更**とは、従来採用していた一般に公正妥当と認められた会計方針から他の一般に公正妥当と認められた会計方針に変更することをいう。会計方針は毎期継続して適用することが原則であるが、正当な理由に基づく場合はこれを変更することができる。

⑵　取扱い

　会計方針を変更した場合、新たな会計方針を過去の期間のすべてに**遡及適用**する。遡及適用とは、新たな会計方針を過去の財務諸表に遡って適用していたかのように会計処理することをいう。変更後の会計方針に基づいた過去の財務諸表を比較情報として提供することにより、当期の財務諸表との比較可能性を確保することができる。

　新たな会計方針を遡及適用する場合には、次の処理を行う。

①　表示期間（当期及び前期）より前の期間に関する遡及適用による累積的影響額は、表示する財務諸表のうち最も古い期間（前期）の期首の資産、負債及び純資産の額に反映する。

②　表示する過去の各期間（前期）の財務諸表には、当該各期間の影響額を反映する。

当期より棚卸資産の評価方法を総平均法から先入先出法に変更した場合

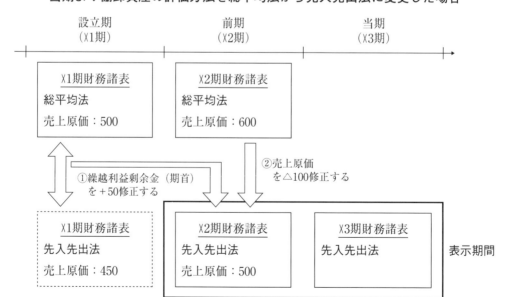

４．表示方法の変更

⑴　意　義

　表示方法とは、財務諸表の作成にあたって採用した表示の方法（注記による開示も含む）をいい、財務諸表の科目分類、科目配列及び報告様式が含まれる。また、**表示方法の変更**とは、従来採用していた一般に公正妥当と認められた表示方法から他の一般に公正妥当と認められた表示方法に変更することをいう。

⑵　取扱い

　表示方法を変更した場合、表示する過去の期間の財務諸表について、新たな表示方法に従い**財務諸表の組替え**を行う。財務諸表の組替えとは、新たな表示方法を過去の財務諸表に遡って適用していたかのように表示を変更することをいう。財務諸表の組替えを行うことによって、会計方針の変更について遡及適用することと同様に、当期の財務諸表との比較可能性を確保することができる。

５．会計上の見積りの変更

⑴　意　義

　会計上の見積りとは、資産及び負債や収益及び費用等の額に不確実性がある場合において、財務諸表作成時に入手可能な情報に基づいて、その合理的な金額を算出することをいう。また、**会計上の見積りの変更**とは、新たに入手可能となった情報に基づいて、過去に財務諸表を作成する際に行った会計上の見積りを変更することをいう。

(2)　取扱い

　会計上の見積りの変更は、当該変更が変更期間のみに影響する場合には、当該変更期間に会計処理を行い、当該変更が将来の期間にも影響する場合には、将来にわたり会計処理を行う。会計上の見積りの変更は新しい情報によってもたらされるものであるという認識から、過去に遡って処理せず、その影響を当期以降の財務諸表において認識する。

> 　会計上の見積りの変更のうち当期に影響を与えるものには、当期だけに影響を与えるものもあれば、当期と将来の期間の両方に影響を与えるものもある。例えば、回収不能債権に対する貸倒見積額の見積りの変更は当期の損益や資産の額に影響を与え、当該影響は当期においてのみ認識される。一方、有形固定資産の耐用年数の見積りの変更は、当期及びその資産の残存耐用年数にわたる将来の各期間の減価償却費に影響を与える。

(3)　減価償却方法の変更

　減価償却方法は会計方針に該当する。しかし、減価償却方法は固定資産に関する経済的便益の消費パターンを反映するものであり、減価償却方法の変更は経済的便益の消費パターンに関する見積りの変更を伴うものと考えられる。

　このため、減価償却方法の変更は、会計方針の変更なのか会計上の見積りの変更なのかを区別することが困難な場合と位置づけられ、会計上の見積りの変更と同様に会計処理する。したがって、遡及適用は行わない。

第11節　純資産（株式会社の場合）

1．総論（意義）

　資産と負債の差額を**純資産**という。

　株式会社の場合、純資産は、株主資本と株主資本以外の各項目に区分される。また、株主資本とは、純資産のうち株主に帰属する部分をいう。

2．表　示

(1)　株主資本

　株式会社の場合、株主資本は、資本金、資本剰余金及び利益剰余金に区分される。

(2)　資本剰余金

　資本剰余金は、資本準備金及び資本準備金以外の資本剰余金（その他資本剰余金）に区分される。

(3)　利益剰余金

　株式会社の場合、利益剰余金は、利益準備金及び利益準備金以外の利益剰余金（その他利益剰余金）に区分される。また、その他利益剰余金のうち、任意積立金のように、株主総会又は取締役会の決議に基づき設定される項目については、その内容を示す科目をもって表示し、それ以外については**繰越利益剰余金**として表示する。

(4)　株主資本以外の各項目

　評価・換算差額等及び**新株予約権**に区分される。

(5) 貸借対照表の表示例

```
Ⅰ　株主資本
  1　資本金
  2　資本剰余金
  (1)　資本準備金
  (2)　その他資本剰余金
          資本剰余金合計
  3　利益剰余金
  (1)　利益準備金
  (2)　その他利益剰余金
        農業経営基盤強化準備金
        圧縮積立金
        ××積立金
        繰越利益剰余金
          利益剰余金合計
  4　自己株式
          株主資本合計
Ⅱ　評価・換算差額等
  1　その他有価証券評価差額金
  2　繰延ヘッジ損益
        評価・換算差額等合計
Ⅲ　新株予約権
          純資産合計
```

3．株主資本の分類

(1) 企業会計上の分類（源泉による分類）

　株主資本は、**払込資本**と**留保利益**に大別される。払込資本とは、株主による企業への出資額をいい、資本金及び資本剰余金が該当する。**留保利益**（**稼得資本**ともいう）とは、企業活動を行った成果としての利益を企業内に留保した額をいい、利益剰余金が該当する。

(2) 会社法上の分類（拘束性による分類）

　会社法では、資本金及び**準備金**の制度を設け、株主資本のうちこれらを超える**剰余金**に基づいて、株主に分配できる限度額を定めている。なお、準備金は資本準備金及び利益準備金のことであり、剰余金はその他資本剰余金及びその他利益剰余金のことである。

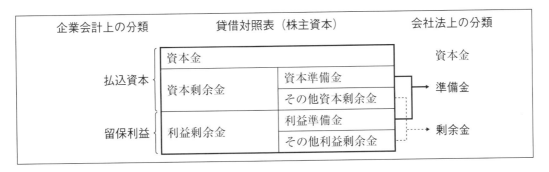

4．株式の発行

　株式会社の場合、設立時又は会社設立後の増資時において株式を発行し、資金の払込みを受ける。このとき、発行した株式の払込金額は純資産の部における払込資本として処理する。

　増加する払込資本は、会社法の規定により、原則として、発行した株式の払込金額全額を資本金に計上する。ただし、発行した株式の払込金額の2分の1を超えない額は、資本金ではなく資本準備金（株式払込剰余金）に計上することができる。

（現　金　預　金）	×××	（資　本　金） 純資産－払込資本	×××

又は、

（現　金　預　金）	×××	（資　本　金） 純資産－払込資本	×××
		（資　本　準　備　金） 純資産－払込資本	×××

5．剰余金の配当

⑴　会計処理

① 剰余金の配当

　株式会社の場合、**剰余金の配当**とは、株主に対して会社財産の分配を行うことである。剰余金の配当は、原則として株主総会によって決議される。株主総会決議時点においては、**未払配当金（負債）**を計上するとともに、剰余金の額を減少させる処理を行う。なお、原資とする剰余金は、その他利益剰余金（繰越利益剰余金）とする場合とその他資本剰余金とする場合がある。

・繰越利益剰余金を原資とする場合

（繰越利益剰余金） 純資産－留保利益	×××	（未払配当金） 負債	×××

・その他資本剰余金を原資とする場合

（その他資本剰余金） 純資産－払込資本	×××	（未払配当金） 負債	×××

② 準備金の積立て

　株式会社において剰余金の配当を行う場合、会社法の規定により、それにより減少する剰余金の額に応じた額を準備金として積み立てなければならない。増加する準備金は、繰越利益剰余金を原資とする配当では利益準備金とし、その他資本剰余金を原資とする配当では資本準備金とする。

・繰越利益剰余金を原資とする場合

（繰越利益剰余金） 純資産－留保利益	×××	（利益準備金） 純資産－留保利益	×××

・その他資本剰余金を原資とする場合

（その他資本剰余金） 純資産－払込資本	×××	（資本準備金） 純資産－払込資本	×××

⑵　準備金の積立額の計算

　株式会社の場合、剰余金の配当にあたって積み立てるべき準備金の額は、会社法及び会社計算規則により規定されている。具体的には、配当をする日における下記①と②のうち、いずれか少ない方が準備金積立額となる。ただし、準備金の額が基準資本金額以上である場合は、積立てを行わない。

---

① 　配当額 $\times \dfrac{1}{10}$

② 　基準資本金額（資本金 $\times \dfrac{1}{4}$）－準備金（資本準備金＋利益準備金）

　なお、その他利益剰余金（繰越利益剰余金）を原資とする配当とその他資本剰余金を原資とする配当を同時に行う場合には、原資となる剰余金の割合に応じた額を、それぞれ利益準備金、資本準備金として積み立てる。具体的には以下の算式による。

利益準備金積立額＝準備金積立額 $\times \dfrac{\text{その他利益剰余金を原資とする配当額}}{\text{配当総額}}$

資本準備金積立額＝準備金積立額 $\times \dfrac{\text{その他資本剰余金を原資とする配当額}}{\text{配当総額}}$

■■■■■■■ 第12節　純資産（農事組合法人の場合）■■

1．総論（意義）

　資産と負債の差額を純資産という。

　農事組合法人の場合、純資産は、組合員資本と組合員資本以外の各項目に区分される。また、組合員資本とは、純資産のうち組合員に帰属する部分をいう。

2．表　示

⑴　株主資本（組合員資本）

　農事組合法人の場合、組合員資本は、出資金、資本剰余金及び利益剰余金に区分される。

⑵　資本剰余金

　資本剰余金は、資本準備金及び資本準備金以外の資本剰余金（その他資本剰余金）に区分される。

⑶　利益剰余金

　農事組合法人の場合、利益剰余金は、利益準備金及び利益準備金以外の利益剰余金（その他利益剰余金）に区分される。また、その他利益剰余金のうち、農業経営基盤強化準備金のように、総会の決議に基づき設定される項目については、その内容を示す科目をもって表示し、それ以外については当期未処分剰余金として表示する。

⑷　株主資本以外の各項目

　評価・換算差額等が該当する。

⑸　貸借対照表の表示例

```
Ⅰ　組合員資本
　1　出資金
　2　資本剰余金
　　⑴　資本準備金
　　⑵　その他資本剰余金
　　　　　　資本剰余金合計
　3　利益剰余金
　　⑴　利益準備金
　　⑵　その他利益剰余金
　　　　　農業経営基盤強化準備金
　　　　　圧縮積立金
　　　　　××積立金
　　　　　繰越利益剰余金
　　　　　　利益剰余金合計
　　　　　組合員資本合計
Ⅱ　評価・換算差額等
　1　その他有価証券評価差額金
　　　　　評価・換算差額等合計
　　　　　純資産合計
```

3．資本の分類

　資本は、**払込資本**と**留保利益**に大別される。払込資本とは、株主による企業への出資額をいい、出資金及び資本剰余金が該当する。留保利益（稼得資本ともいう）とは、企業活動を行った成果としての利益を企業内に留保した額をいい、利益剰余金が該当する。

4．出資の払込み

　農事組合法人の場合、法人設立時又は法人設立後の増資時において、払込金額全額を出資金に計上する。

（現　金　預　金）　　×××	（出　　資　　金）　　　××× 純資産－払込資本

　ただし、農事組合法人の場合、増資時において、新たに出資者となる者から加入金を徴収することができるが、この加入金は資本準備金勘定に計上する。

5．剰余金の処分

⑴　会計処理

①　剰余金の処分

　農事組合法人の場合、**剰余金の配当**とは、組合員に対する分配をいい、財産の流出を伴うものである。農事組合法人の剰余金の配当には、出資配当のほか、利用分量配当、従事分量配当がある。出資配当は、組合員の出資の割合に応じた利益の分配であり、利用分量配当は、組合員における事業の利用分量に応じた利益の分配である。また、従事分量配当は、組合員が事業に従事した程度に応じた利益の分配である。

②　準備金の積立て

　農事組合法人の場合、剰余金の配当にあたっては、農業協同組合法の規定により、配当の金額に関係なく、毎事業年度の剰余金の10分の1以上を利益準備金として積み立てなければならないとされている。

　なお、利益準備金は、定款で定める額に達するまで積立てが必要とされ、定款で定める利益準備金の額は、出資総額の2分の1を下ってはならないとされている。

第7章　税効果会計

第1節　総論

1．課税所得

⑴　税務上の課税所得と会計上の利益

　法人税等の税額は、**課税所得**に税率を乗ずることによって算定される。この税務上の課税所得は**益金**から**損金**を控除して求める。一方で、会計上の利益は収益から費用を控除して求める。

　ここで、税務上の益金及び損金は、納税者間の課税の公平という目的を達成するために算出されるため、会計上の収益及び費用とは異なる金額になることがある。この場合、税務上の課税所得と会計上の利益も相違することになる。

税務上の課税所得			会計上の利益	
益金 1,000	損金 400		費用 450	収益 1,000
	課税所得 600	差異50	利益 550	

　上記の例では、税務上の損金が会計上の費用より少ないため、税務上の課税所得が会計上の利益より大きく計算される。

⑵　課税所得の計算

　課税所得の金額は、益金から損金を控除した金額ではあるが、**確定申告**においては会計上の利益から誘導的に算出することになる。すなわち、会計上の利益に、税務上の益金及び損金と会計上の収益及び費用との差異を調整することによって、課税所得を求める。

　差異の調整としては以下の四つに分類される。

分　類	内　　　　　容	調整
益金不算入	会計上は収益となるが、税務上は益金とならないもの	減算
益 金 算 入	会計上は収益とならないが、税務上は益金となるもの	加算
損金不算入	会計上は費用となるが、税務上は損金とならないもの	加算
損 金 算 入	会計上は費用とならないが、税務上は損金となるもの	減算

　上記の例では、課税所得は益金1,000－損金400＝600として算出するのではなく、会計上の利益550＋損金不算入額50＝600として算出する。

【例題 7 - 1】 課税所得の計算

　以下の資料に基づいて、X1年度における損益計算書を作成しなさい。

1．X1年度の売上高：50,000千円

2．X1年度の売上原価（商品評価損除く）：29,000千円

3．1,000千円の商品評価損を計上した。税務上、当該評価損は損金として認められ
　　ないため、税務調整において損金不算入となる。

4．法人税等の法定実効税率は40％とする。

5．税効果会計は適用しない。

【解答への計算手順】（単位：千円）

1．課税所得

$$\underbrace{(50,000-29,000-1,000)}_{\text{税引前当期純利益}}+\underbrace{1,000}_{\text{損金不算入}}=21,000$$

2．法人税等

　　（法　　人　　税　　等）　　8,400　　（未　払　法　人　税　等）　　8,400

　※　21,000×40％＝8,400

3．損益計算書

売上高	50,000
売上原価	29,000
商品評価損	1,000
税引前当期純利益	20,000
法人税等	8,400
当期純利益	11,600

4．図　解

税務上の課税所得		会計上の利益	
益金 50,000	損金 29,000	費用 30,000	収益 50,000
	課税所得 21,000	差異1,000 利益 20,000	

法人税等：課税所得×税率
21,000×40％＝8,400

２．税効果会計の適用

⑴　**期間差異**

　税務上の益金及び損金と会計上の収益及び費用が異なる金額となる理由として、それぞれの帰属年度が相違する場合があげられる。例えば、ある事業年度に会計上の費用として計上する項目について、税務上はその後の事業年度に損金算入が認められる場合などである。このような税務上と会計上の差異を**期間差異**という。

　期間差異は帰属事業年度の相違にすぎないため、差異が生じても、時がたてばその差異は解消する。期間差異のうち、課税所得の算定上、差異が生じたときに加算調整され、将来差異が解消するときに減算調整されるものを**将来減算一時差異**という。また、差異が生じたときに減算調整され、将来差異が解消するときに加算調整されるものを**将来加算一時差異**という。

期間差異の例（将来減算一時差異、税率：40％）

	X1年度 （差異の発生）	X2年度 （差異の解消）	合　計
税引前当期純利益（①）	550	450	1,000
損金不算入	50	―	50
損金算入	―	△50	△50
課税所得（②）	600	400	1,000
法人税等（②×税率）	240	160	400
利益と対応する税金費用（①×税率）	220	180	400

(2)　税効果会計の必要性

　期間差異が生じていると、課税所得に基づいて計算した法人税等が税引前当期純利益と対応しないことになる。このため、法人税等の額を適切に期間配分することにより、税引前当期純利益と法人税等を合理的に対応させる必要があり、この手続を**税効果会計**という。

税効果会計の例（税率：40%）

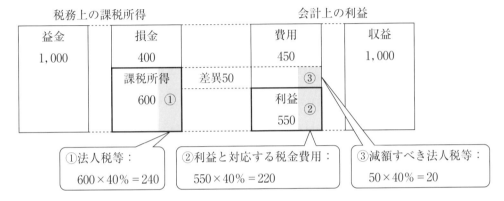

(3)　会計処理

①　将来減算一時差異

・差異の発生時（課税所得＞税引前当期純利益）

　将来減算一時差異が発生した期において、課税所得に基づく法人税等は、利益と対応する税金費用と比べて、大きく算出される。ここで、課税所得に基づく法人税等が利益と対応する税金費用を超過する金額は、税金費用の前払いと捉えることができる。

　したがって、法人税等を間接的に減額するため、貸方に**法人税等調整額**を計上する。また、借方に前払税金費用を意味する**繰延税金資産**を計上する。

（繰 延 税 金 資 産） <small>前払税金費用</small>　　　××××	（法 人 税 等 調 整 額） <small>法人税等の減額</small>　　　××××

※　仕訳の金額は、**将来減算一時差異×法定実効税率**　にて算定

・差異の解消時（課税所得＜税引前当期純利益）

　将来減算一時差異が解消する期において、課税所得に基づく法人税等は、利益と対応する税金費用と比べて、小さく算出される。したがって、法人税等を間接的に増額するため、借方に法人税等調整額を計上する。また、前払税金費用を意味する繰延税金資産を取り崩す。

（法 人 税 等 調 整 額） <small>法人税等の増額</small>　　　××××	（繰 延 税 金 資 産） <small>前払税金費用</small>　　　××××

② 将来加算一時差異

・差異の発生時（課税所得＜税引前当期純利益）

将来加算一時差異が発生した期において、課税所得に基づく法人税等は、利益と対応する税金費用と比べて、小さく算出される。ここで、課税所得に基づく法人税等が利益と対応する税金費用に不足する金額は、税金費用の未払いと捉えることができる。

したがって、法人税等を間接的に増額するため、借方に法人税等調整額を計上する。また、貸方に未払税金費用を意味する**繰延税金負債**を計上する。

（法 人 税 等 調 整 額） 法人税等の増額	×××　　（繰 延 税 金 負 債） 未払税金費用	×××

※　将来加算一時差異×法定実効税率

・差異の解消時（課税所得＞税引前当期純利益）

将来加算一時差異が解消する期において、課税所得に基づく法人税等は、利益と対応する税金費用と比べて、大きく算出される。したがって、法人税等を間接的に減額するため、貸方に法人税等調整額を計上する。また、未払税金費用を意味する繰延税金負債を取り崩す。

（繰 延 税 金 負 債） 未払税金費用	×××　　（法 人 税 等 調 整 額） 法人税等の減額	×××

⑷　永久差異

永久差異とは、会計上の収益及び費用が永久に税務上の益金及び損金に算入されないことによって生じた差異をいう。永久差異は期間差異と異なり、差異が永久に解消しない。永久差異の例としては、寄附金、交際費の損金不算入や受取配当金の益金不算入があげられる。

税効果会計は、期間差異が生じている場合において、法人税等の額を適切に期間配分する会計処理であるから、永久差異は税効果会計の対象とはならない。

第2節　各論

1．期間差異

⑴　将来減算一時差異

①　棚卸資産の評価損

　税務上は、一定の事実が生じた場合を除き、棚卸資産の評価損の損金算入は認められない。このため、商品評価損を計上した事業年度においては損金不算入の税務調整がなされる（**差異の発生**）。当該評価損は、商品を売却や廃棄した際に損金算入が認められることになる（**差異の解消**）。

【例題7－2】棚卸資産の評価損

　以下の資料に基づいて、X1年度の財務諸表に計上される繰延税金資産及び法人税等調整額を求めなさい。

1．X0年度において、取得原価1,000千円の商品につき、有税処理により200千円の商品評価損を計上した（商品の貸借対照表価額：800千円）。当該商品はX1年度において、廃棄処分された。

2．X1年度において、取得原価700千円の商品につき、有税処理により300千円の商品評価損を計上した（商品の貸借対照表価額：400千円）。

3．法人税等の法定実効税率は40％として、税効果会計を適用する。

【解答への計算手順】（単位：千円）

1．X0年度の会計処理（差異の発生）

⑴　商品評価損の計上

　（商　品　評　価　損）　　　200　　　（商　　　　　　　品）　　　200

⑵　税務上の処理

　　仕　　訳　　な　　し

　　※　税務上は、商品評価損200が損金不算入となる。

⑶　税効果会計の適用

　（繰　延　税　金　資　産）　　　80　　　（法　人　税　等　調　整　額）　　　80

　　※　200×40％＝80

　　　将来減算一時差異につき、X0年度の法人税等を減額し、次期以降に繰り延べる。なお、税効果会計に係る会計処理は、通常、決算整理で行われる。

2．X1年度の会計処理

(1)　商品の廃棄（差異の解消）

①　商品の廃棄

（商　品　廃　棄　損）　　　800　　　（商　　　　　　　品）　　　800

②　税務上の処理

（損　　　　　　　　金）　　1,000　　　（商　　　　　　　品）　　1,000

　※　税務上の損金は1,000であり、会計上の廃棄損800との差額200〔＝1,000－800〕は損金算入の調整が行われる。なお、当該金額は、X0年度に計上した商品評価損の金額であり、X0年度末時点の将来減算一時差異の金額である。

③　税効果会計の適用

（法 人 税 等 調 整 額）　　　80　　　（繰 延 税 金 資 産）　　　80

　※　200×40％＝80

(2)　商品評価損（差異の発生）

①　商品評価損の計上

（商　品　評　価　損）　　　300　　　（商　　　　　　　品）　　　300

②　税務上の処理

　　　仕　　訳　　な　　し

③　税効果会計の適用

（繰 延 税 金 資 産）　　　120　　　（法 人 税 等 調 整 額）　　　120

　※　300×40％＝120

３．結　論

(1)　会計上と税務上の帳簿価額

　　商品評価損は税務上、損金算入が認められないため将来減算一時差異となるが、当該将来減算一時差異の金額は会計上と税務上の商品の帳簿価額の差額として把握することもできる。一般的に、期間差異の金額は会計上と税務上の資産又は負債の差額として計算することができる。

	X0年度末		X1年度末
税務上の簿価	1,000		700
会計上の簿価	800		400
差異	200	+100	300
（繰延税金資産	80	+40	120）

(2)　解答の金額

　　繰延税金資産：$300 \times 40\% = 120$

　　法人税等調整額：$(300 - 200) \times 40\% = 40$（貸方）

(2)　将来加算一時差異

①　圧縮積立金

　税務上、国庫補助金や保険金で取得した固定資産などについて、圧縮限度額まで損金算入し、同時に固定資産の取得原価を減額する**圧縮記帳**が認められている。税務上で認められている圧縮記帳を会計上も行う場合は、税務上と会計上で差異は生じないため税効果会計は必要ない。

　これに対して、**積立金方式**は、税務上で圧縮記帳が認められている場合に、圧縮限度額まで任意積立金（**圧縮積立金**）として積み立てる方法である。積立金方式によれば、税務上において損金算入される金額を費用計上しないことになるため、将来加算一時差異が生じ、税効果会計が必要となる。

【例題 7 － 3 】圧縮積立金

　以下の資料に基づいて、各年度の財務諸表に計上される繰延税金負債、圧縮積立金及び法人税等調整額を求めなさい。

１．X1年度において、国庫補助金200,000千円を受領し、当該補助金を充当して、土地を300,000千円で取得した。当該土地につき、積立金方式により会計処理を行う。

２．X2年度において、当該土地を314,000千円で売却した。

３．法人税等の法定実効税率は40%として、税効果会計を適用する。

【解答への計算手順】（単位：千円）

1．X1年度の会計処理（差異の発生）

(1)　国庫補助金の受領と土地の取得

| （現　金　預　金） | 200,000 | （国庫補助金収入） | 200,000 |
| （土　　　　　地） | 300,000 | （現　金　預　金） | 300,000 |

(2)　税務上の処理

（現　金　預　金）	200,000	（益　　　　　金）	200,000
（土　　　　　地）	300,000	（現　金　預　金）	300,000
（損　　　　　金）	200,000※	（土　　　　　地）	200,000

※　税務上、国庫補助金と同額の損金算入が認められる。

(3)　税効果会計の適用

| （法人税等調整額） | 80,000※1 | （繰延税金負債） | 80,000 |
| （繰越利益剰余金） 圧縮積立金の積立て | 120,000 | （圧縮積立金） 圧縮積立金の積立て | 120,000※2 |

※1　$200,000 \times 40\% = 80,000$

将来加算一時差異につき、X1年度の法人税等を増額する。

※2　$200,000 \times (1 - 40\%) = 120,000$

受贈益200,000から法人税等調整額80,000を控除した金額が損益として繰越利益剰余金に計上されることになるが、当該金額を繰越利益剰余金から減額して圧縮積立金に振り替える。なお、株主資本等変動計算書上、積立金方式に係る繰越利益剰余金及び圧縮積立金の変動額は、圧縮積立金の積立て又は圧縮積立金の取崩しとして表示する。

2．X2年度の会計処理（差異の解消）

(1)　土地の売却

| （現　金　預　金） | 314,000 | （土　　　　　地） | 300,000 |
| | | （土　地　売　却　益） | 14,000※ |

※　貸借差額

(2)　税務上の処理

| （現　金　預　金） | 314,000 | （土　　　　　地） | 100,000 |
| | | （益　　　　　金） | 214,000※ |

※　貸借差額、税務上の益金は214,000であり、会計上の収益との差額200,000［＝214,000 －14,000］は益金に算入される。

(3)　税効果会計の適用

| （繰 延 税 金 負 債）　　80,000 | （法 人 税 等 調 整 額）　　80,000
圧縮積立金の取崩し | [1] |
| （圧 　縮 　積 　立 　金）　120,000
圧縮積立金の取崩し | （繰 越 利 益 剰 余 金）　120,000 | [2] |

※1　$200,000 \times 40\% = 80,000$

※2　$200,000 \times (1 - 40\%) = 120,000$

3．結　論

⑴　会計上と税務上の帳簿価額

　　資産の金額に着目すると、会計上と税務上の土地の帳簿価額の差額が将来加算一時差異になる。

	X1年度取得時		X1年度末		X2年度末
税務上の簿価	300,000	△200,000	100,000	△100,000	0
会計上の簿価	300,000		300,000	△300,000	0
差異	0	△200,000	△200,000	+200,000	0
（繰延税金負債	0	△**80,000**	△**80,000**	+**80,000**	0)
（圧 縮 積 立 金	0	△120,000	△**120,000**	+120,000	0)

⑵　解答の金額

①　X1年度の財務諸表数値

　　繰延税金負債：$200,000 \times 40\% = 80,000$

　　圧縮積立金：$200,000 \times (1 - 40\%) = 120,000$

　　法人税等調整額：$(0 - 200,000) \times 40\% = △80,000$（借方）

②　X2年度の財務諸表数値

　　繰延税金負債： 0

　　圧 縮 積 立 金： 0

　　法人税等調整額：$(200,000 - 0) \times 40\% = 80,000$（貸方）

┌─ **【参考】法定実効税率** ─────────────────────────

　繰延税金資産及び繰延税金負債の計算に用いる税率は、**法定実効税率**である。法定実効税率は、法律で定められた税率に基づく法人税、住民税及び事業税（所得割）の税額（すなわち、法人税等）の税引前当期純利益に対する割合であり、住民税が法人税を課税標準としていること及び事業税の損金算入が認められていることより、以下の算式で求められる。

$$\text{法定実効税率} = \frac{\text{法人税率} \times (1 + \text{住民税率}) + \text{事業税率}}{1 + \text{事業税率}}$$

法定実効税率の算式

　法人税率：30%、住民税率：15%、事業税率：10%、税引前当期純利益：1,100、課税所得：1,000とすると税額は次のように計算できる。

　法人税額：$1,000 \times 30\% = 300$、住民税額：$300 \times 15\% = 45$、事業税額：$1,000 \times 10\% = 100$

　この数値をもとに、法定実効税率の算式が、法人税等を税引前当期純利益で除したものと等式であることを示す。

$$\frac{\text{法人税額}300 + \text{住民税額}45 + \text{事業税額}100}{\text{税引前当期純利益}1,100} = \frac{\text{課税所得}1,000 \times \text{法人税率}30\% + \text{課税所得}1,000 \times \text{法人税率}30\% \times \text{住民税率}15\% + \text{課税所得}1,000 \times \text{事業税率}10\%}{\text{課税所得}1,000 + \text{事業税}100}$$

$$= \frac{\text{法人税率}30\% + \text{法人税率}30\% \times \text{住民税率}15\% + \text{事業税率}10\%}{1 + \text{事業税率}10\%} = \frac{\text{法人税率}30\% \times (1 + \text{住民税率}15\%) + \text{事業税率}10\%}{1 + \text{事業税率}10\%}$$

（分母と分子を課税所得1,000で除す）

└──────────────────────────────────

第8章　本支店会計

第1節　総論

1．集権的会計制度と分権的会計制度

　企業が支店や営業所を有する場合、支店の会計処理をどのように行うかについて、**集権的会計制度**と**分権的会計制度**という二つの方法がある。

　集権的会計制度においては、支店の取引はすべて本店に報告され、本店でその記帳が行われる。

　分権的会計制度においては、支店の取引はすべて支店独自の帳簿に記帳し、決算も支店独自で行う。分権的会計制度の概要を図示すると、以下のとおりである。

　以下、本章では分権的会計制度を前提として説明する。

2．支店勘定と本店勘定

　分権的会計制度において、本支店間取引によって生ずる債権・債務は内部的な貸借関係とみて、本店では**支店勘定**を設け、支店では**本店勘定**を設けて処理する。本店の支店勘定は支店に対する債権を意味し、支店の本店勘定は本店に対する債務を意味する。

　なお、支店には資本勘定がなく、その代わりに本店勘定が利用されているので、本店勘定は資本勘定の性質をもっているとみることができる。一方、本店の支店勘定は投資勘定の性質をもっているとみることができる。

　支店勘定と本店勘定は、貸借反対で残高が一致する。このように、支店勘定と本店勘定は相互に対照関係にある勘定であるところから、**照合勘定**と呼ばれる。

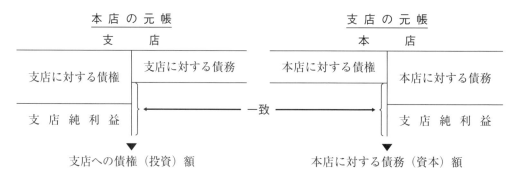

第 2 節　本支店間取引

1．支店会計の独立

　分権的会計制度は、まず、支店を独立の会計単位とするために支店に属する財産（資産・負債）を本店の帳簿から分離・移管することから始まる。

┌─【例題 8 − 1】支店会計の独立 ─────────────────────────
│　当社は、期首に支店を独立の会計単位とすることにし、現金10,000円を支店へ移管
│した。
│【解答】（単位：円）
│a　本店の仕訳
│　（支　　　　　店）　　10,000　　（現　　　　　金）　　10,000
│　　　　支店に対する投資
│b　支店の仕訳
│　（現　　　　　金）　　10,000　　（本　　　　　店）　　10,000
│　　　　　　　　　　　　　　　　　　　支店の資本
└──────────────────────────────────────

2．送金取引

　本店が運転資金を支店に送付したり、あるいは、その反対に支店が売上代金や手元の余剰資金などを本店に送金したりする場合がある。

┌─【例題 8 − 2】送金取引 ──────────────────────────
│　本店は支店へ現金10,000円を送金した。この取引について本店及び支店の仕訳を示
│しなさい。
│【解答】（単位：円）
│a　本店の仕訳
│　（支　　　　　店）　　10,000　　（現　　　　　金）　　10,000
│　　　　支店に対する債権
│b　支店の仕訳
│　（現　　　　　金）　　10,000　　（本　　　　　店）　　10,000
│　　　　　　　　　　　　　　　　　　　本店に対する債務
│【解説】
│

└──────────────────────────────────────

3．他店の債権・債務の決済取引

　本店が支店に代わって支店の売掛金や受取手形を回収したり、支店の買掛金や支払手形を支払ったりすることがある。また逆に、支店が本店に代わってこうした取引を行うこともある。

――【例題 8 － 3】 他店の債権・債務の決済取引 ――――――――

　次の取引について本店と支店の仕訳を示しなさい。

　支店は、本店の買掛金30,000円について、小切手を振り出して支払った。

【解答】（単位：円）

a　本店の仕訳

（買　　　掛　　　金）　30,000　　（支　　　　　　　店）　30,000

b　支店の仕訳

（本　　　　　　　店）　30,000　　（当　座　預　金）　30,000

【解説】

　買掛金が減少するのは、仕入先に対して仕入債務（買掛金）を負っている本店である。支店は本店のために立替払いをしたのであるから、本店に対する債権が発生する。したがって本店勘定の借方に記帳する。他方、本店は支店に対する債務が発生するため、支店勘定の貸方に記帳する。

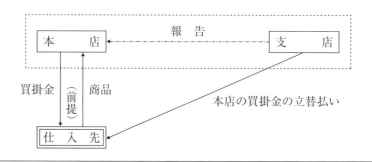

4．棚卸資産の発送取引

　本支店間で商品の受渡しを行う場合、その際の受渡価格（**振替価格**という）の決め方に以下の方法がある。
　　A　仕入原価をもって振替価格とする方法（原価振替法）
　　B　仕入原価に一定の利益を加算した価格をもって振替価格とする方法（計算価格法）

A　原価を振替価格とする方法

　この方法による場合、支店では仕入勘定の借方に、本店では仕入勘定の貸方に記帳し、売上勘定には記帳しない。棚卸資産を原価で支店に送っても、会社内部での単なる移動であって、販売取引とはいえないと考えられるからである。

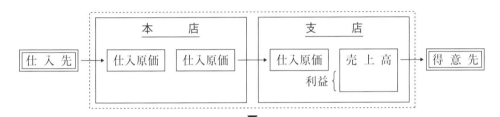

欠点：本店の営業活動の成果が、本店にあらわれない。

【例題 8 － 4 】原価振替法

　次の取引について本店と支店の仕訳を示しなさい。

　本店は原価10,000円の棚卸資産を、原価のままで支店に送付した。

【解答】（単位：円）

a　本店の仕訳

　（支　　　　店）　　10,000　　（仕　　　　　入）　　10,000

b　支店の仕訳

　（仕　　　　入）　　10,000　　（本　　　　　店）　　10,000

B　原価に一定の利益を加算した金額を振替価格とする方法

　この方法は、本支店間の棚卸資産の授受を、通常の販売活動と同様に考える方法である。したがって送付側では、仕入原価に一定の利益を加算した金額を売上として計上するが、外部への売上と区別するために、**支店売上勘定**を設け、その貸方に記帳する。また受入側では、同額を仕入として計上するが、外部からの仕入と区別するために**本店仕入勘定**を設け、その借方に記帳する。

　この方法によると、送付側においても、その営業活動に対する利益が計上されるため、本店及び支店の営業活動を利益によって評価することができる。

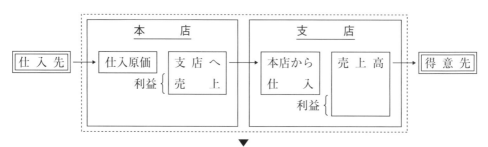

営業活動の成果が双方にあらわれる。

【例題8－5】計算価格法

　次の取引について本店と支店の仕訳を示しなさい。

　本店は原価10,000円の棚卸資産を、原価に20％の利益を加算して支店へ送付した。

【解答】（単位：円）

a　本店の仕訳

　　（支　　　　　店）　　12,000　　（支　店　売　上）　　12,000
　　　　　支店に対する債権

　　※　10,000×（1＋0.2）＝12,000

b　支店の仕訳

　　（本　店　仕　入）　　12,000　　（本　　　　　店）　　12,000
　　　　　　　　　　　　　　　　　　　　　　　本店に対する債務

【解説】

　支店売上勘定と本店仕入勘定も、本店勘定と支店勘定と同様に、内部取引を記録した照合勘定であり、両勘定の残高が貸借反対で一致する。

５．他店の費用立替払い・収益受領取引

　本支店のいずれか一方が他店の負担すべき費用、例えば旅費などを立替払いすることがある。また、本支店のいずれか一方が他店に帰属すべき収益、例えば家賃などを代わりに受け取ることがある。

┌─**【例題 8 − 6】他店の費用立替払い・収益受領取引**─────────

　次の取引について本店と支店の仕訳を示しなさい。

①　本店は支店従業員の出張旅費6,000円を現金で立替払いし、支店はその通知を受けた。

②　支店は、本店所管のビルの家賃10,000円を現金で受け取り、本店はその通知を受けた。

【解答】（単位：円）

①　a　本店の仕訳

　（支　　　　　　店）　　6,000　　（現　　　　　　金）　　6,000

　　b　支店の仕訳

　（旅　　　　　　費）　　6,000　　（本　　　　　　店）　　6,000

②　a　本店の仕訳

　（支　　　　　　店）　 10,000　　（受　取　家　賃）　 10,000

　　b　支店の仕訳

　（現　　　　　　金）　 10,000　　（本　　　　　　店）　 10,000

■ 第3節　支店相互間取引 ■

　支店が複数存在する場合には、支店相互間で行われる取引も、本店・支店のそれぞれの記帳の対象となり得る。この場合の処理方法には、**支店分散計算制度**と**本店集中計算制度**の二つがある。

1．支店分散計算制度

　支店相互間の取引はそれら支店が相互に直接取引したものとして、各支店においては取引相手の支店勘定を設けて処理する方法である。現実の経営活動を忠実に示すという点ではこの方法が優れている。

2．本店集中計算制度

　支店間の取引のすべてを本店を媒介として取引したものと仮定して処理する方法である。この方法によると、本店が支店相互の取引事実を明確に把握することができるため、本店による支店の管理に有効である。

　A支店がB支店と取引をした場合、まずA支店側はあたかも本店と取引を行ったかのような記帳を行い、これを受けてB支店側も本店と取引を行ったかのような記帳を行う。そして本店では上記の取引を仲介したかのごとく「A支店」勘定と「B支店」勘定への記入を行って、それぞれの支店における「本店」勘定と金額を一致させるのである。

第4節　未達取引の整理

1．意　義

　未達取引とは、決算の直前に本支店間で行われた取引で、決算日までに相手方に現物や通知が到達していないために、まだ相手方で記帳が行われていない取引をいう。

2．未達取引の整理

　未達取引が存在する場合、支店勘定と本店勘定の残高が一致しない。このため、未達取引については未達側で追加記入を行い、支店勘定と本店勘定の残高を一致させなければならない。

　未達取引の整理は本店・支店それぞれの決算手続において行う。また、未達取引の整理にあたっては、期末に現物が到着した（通知があった）ものとして処理する。

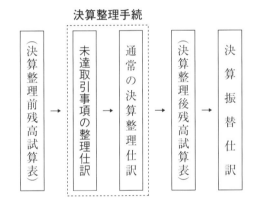

決算整理手続

（決算整理前残高試算表）→ 未達取引事項の整理仕訳 → 通常の決算整理仕訳 →（決算整理後残高試算表）→ 決算振替仕訳

第5節　内部利益の調整

1．意　義

　内部利益とは、本店、支店、事業部等の企業内部における独立した会計単位相互間の内部取引から生ずる未実現の利益をいう。

2．内部利益の調整についての考え方

　例えば、本店が原価100円の棚卸資産を振替価格120円で支店に送付したとする。支店における当該商品の販売価格は150円とする。

（A）支店が棚卸資産を外部に販売している場合

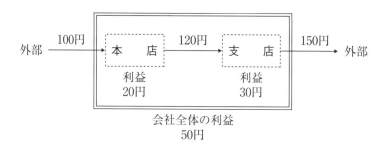

本店の利益：　　　120－100＝20

支店の利益：　　　150－120＝30

会社全体の利益：150－100＝50

本店の利益＋支店の利益＝会社全体の利益

▼

内部利益の問題は生じない

（B）支店が棚卸資産を外部に販売せず、期末まで在庫として保有している場合

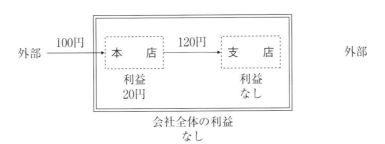

本店の利益：　　　$120 - 100 = 20$

支店の利益：　　なし（棚卸資産を販売していない）

会社全体の利益：なし（棚卸資産を販売していない）

本店の利益＋支店の利益 ≠ 会社全体の利益

▼

内部利益の調整が必要

▼

本店の利益＋支店の利益 <u>－内部利益</u> ＝ 会社全体の利益

（B´）翌期において、支店が棚卸資産を外部に販売した場合

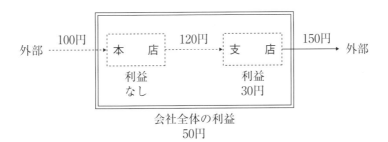

本店の利益：　　なし（棚卸資産を販売していない）

支店の利益：　　$150 - 120 = 30$

会社全体の利益：$150 - 100 = 50$

本店の利益＋支店の利益 ≠ 会社全体の利益

▼

内部利益の調整が必要

▼

本店の利益＋支店の利益 <u>＋内部利益</u> ＝ 会社全体の利益

■ 第 6 節　外部公表用財務諸表（本支店合併財務諸表）■

　本支店会計において、最終的には企業全体の財政状態と経営成績を明らかにする必要があるため、企業全体の財務諸表を作成することが必要になる。これを外部公表用財務諸表（又は本支店合併財務諸表）という。

　外部公表用財務諸表は、本店・支店の決算整理後残高試算表（あるいは本店・支店の独自の財務諸表）に基づいて、科目ごとに本店・支店の金額を合算して作成される。ただし、以下の各点に注意が必要である。

①　照合勘定

　支店勘定と本店勘定、支店売上勘定と本店仕入勘定のような照合勘定は、外部公表用財務諸表には計上しない。

　その結果、損益計算書における売上高は外部に対する売上高のみが計上され、同様に、当期商品仕入高は外部からの仕入高のみが計上される。

②　内部利益の調整

　損益計算書における期首商品棚卸高・期末商品棚卸高は、内部利益を控除した金額とする。

　貸借対照表における商品も内部利益を控除した金額とする。

第 7 節　棚卸減耗損と商品評価損

　内部利益が含まれている商品に関する**棚卸減耗損**及び**商品評価損**は、外部公表用財務諸表上、内部利益を控除した金額をもって計上する。

【例題 8 － 7 】棚卸減耗損と商品評価損

　以下の資料により、本支店合併財務諸表における各金額を算定しなさい。

１．本店は支店に商品を送付する際、仕入原価に20%の利益を加算している。

２．支店における期末商品棚卸高は以下のとおりであり、すべて本店から仕入れたものである。

　　　帳簿棚卸数量：200個　　　実地棚卸数量：195個

　　　単価（振替価格）：180円　　単価（正味売却価額）：145円

３．本店の期末商品棚卸高は無視する。

【解答】（単位：円）

(1)　期末商品棚卸高（損益計算書・売上原価の内訳項目）

　　$200個 \times \underset{\text{内部利益控除後単価}}{\underline{@180 \div 1.2}} = 30,000$

(2)　棚卸減耗損

　　$(200個 - 195個) \times \underline{@180 \div 1.2} = 750$

(3)　商品評価損

　　$195個 \times (\underline{@180 \div 1.2} - @145) = 975$

(4)　貸借対照表計上額

　　$195個 \times @145 = 28,275$

第9章　連結会計

第1節　連結財務諸表の意義

1．意　義

　連結財務諸表は、**支配従属関係**にある二つ以上の企業からなる集団（**企業集団**）を単一の組織体とみなして、親会社が当該企業集団の財政状態、経営成績及びキャッシュ・フローの状況を総合的に報告するために作成するものである。なお、企業集団を一つの会計主体と考えて作成される連結財務諸表に対して、個々の会社を会計主体と考えて作成される財務諸表を**個別財務諸表**と呼ぶ。

　現在の複雑化した経営環境のもとでは、法的な形態に関係なく、企業集団全体での経営戦略の構築や投資意思決定などの経営判断を行っており、個別財務諸表はその一部分の姿を明らかにしているにすぎない。このため、企業集団を構成する各組織の法的な形態にかかわらず、親会社の支配下にある組織を含めた企業集団全体としての財務報告を行うため、連結財務諸表の作成が必要となるのである。

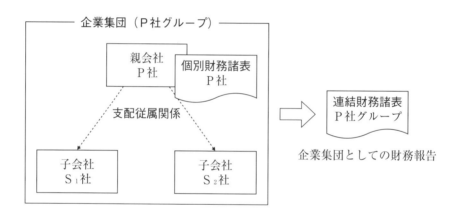

2．連結財務諸表の種類

　連結財務諸表は、**連結貸借対照表、連結損益計算書**及び**連結包括利益計算書**（2計算書方式）又は**連結損益及び包括利益計算書**（1計算書方式）、**連結株主資本等変動計算書、連結キャッシュ・フロー計算書**から構成される。

　本教科書では、連結貸借対照表、2計算書方式を採用した場合の連結損益計算書、連結株主資本等変動計算書の概要及び連結財務諸表の作成方法の基本について学習する。

第 2 節　連結財務諸表の表示

1．連結貸借対照表

連 結 貸 借 対 照 表

○○社　　　　　　　　　　×年×月×日　　　　　　　　（単位：千円）

資産の部		負債の部	
Ⅰ　流動資産		Ⅰ　流動負債	
：		：	
Ⅱ　固定資産		Ⅱ　固定負債	
1．有形固定資産		：	
2．無形固定資産		純資産の部	
のれん	×××	Ⅰ　株主資本	
：		1．資 本 金	×××
Ⅲ　繰延資産		2．資本剰余金[※1]	×××
：		3．利益剰余金[※2]	×××
		4．自 己 株 式	△×××
		Ⅱ　その他の包括利益累計額[※3]	
		1．その他有価証券評価差額金	×××
		2．為替換算調整勘定	×××
		3．退職給付に係る調整累計額	×××
		Ⅲ　新株予約権	×××
		Ⅳ　非支配株主持分	×××
	×××		×××

※1　連結貸借対照表において、資本剰余金の内訳（資本準備金・その他資本剰余金）は示さない。

※2　連結貸借対照表において、利益剰余金の内訳（利益準備金・その他利益剰余金）は示さない。

※3　連結貸借対照表上は、「評価・換算差額等」ではなく、「**その他の包括利益累計額**」という用語を用いる。

2．連結損益計算書

連 結 損 益 計 算 書

○○社　　　　　　　自○年○月○日　至×年×月×日　　　　　　（単位：千円）

Ⅰ　売　　上　　高		×××
Ⅱ　売　上　原　価		×××　　※
Ⅲ　販売費及び一般管理費		
：		
のれん償却額	×××	
：		×××
営　業　利　益		×××
Ⅳ　営　業　外　収　益		
：		
持分法による投資利益	×××	
：		×××
Ⅴ　営　業　外　費　用		
：		×××
経　常　利　益		×××
Ⅵ　特　　別　　利　　益		×××
Ⅶ　特　　別　　損　　失		×××
税金等調整前当期純利益		×××
法　　人　　税　　等		×××
当　期　純　利　益		×××
非支配株主に帰属する当期純利益		×××
親会社株主に帰属する当期純利益		×××

※　連結損益計算書において、売上原価の内訳（期首商品棚卸高・当期商品仕入高・期末商品棚卸高など）は示さない。

３．連結株主資本等変動計算書

⑴　純資産の各項目を縦に並べる様式

株主資本
　資本金　　　　　　　　当期首残高　　　　　　　　　　　　×××
　　　　　　　　　　　　当期変動額　　新株の発行　　　　　×××
　　　　　　　　　　　　当期末残高　　　　　　　　　　　　×××

　資本剰余金※1　　　　　当期首残高　　　　　　　　　　　　×××
　　　　　　　　　　　　当期変動額　　自己株式の処分　　　×××
　　　　　　　　　　　　当期末残高　　　　　　　　　　　　×××

　利益剰余金※1　　　　　当期首残高　　　　　　　　　　　　×××
　　　　　　　　　　　　当期変動額　　剰余金の配当　　　△×××
　　　　　　　　　　　　　　　　　親会社株主に帰属する当期純利益　×××
　　　　　　　　　　　　当期末残高　　　　　　　　　　　　×××

　自己株式　　　　　　　当期首残高　　　　　　　　　　△×××
　　　　　　　　　　　　当期変動額　　自己株式の処分　　　×××
　　　　　　　　　　　　当期末残高　　　　　　　　　　△×××

　株主資本合計　　　　　当期首残高　　　　　　　　　　　　×××
　　　　　　　　　　　　当期変動額　　　　　　　　　　　　×××
　　　　　　　　　　　　当期末残高　　　　　　　　　　　　×××

その他の包括利益累計額※2
　その他有価証券評価差額金　当期首残高　　　　　　　　　　×××
　　　　　　　　　　　　当期変動額（純額）　　　　　　　　×××
　　　　　　　　　　　　当期末残高　　　　　　　　　　　　×××

　為替換算調整勘定　　　当期首残高　　　　　　　　　　　　×××
　　　　　　　　　　　　当期変動額（純額）　　　　　　　　×××
　　　　　　　　　　　　当期末残高　　　　　　　　　　　　×××

　退職給付に係る調整累計額　当期首残高　　　　　　　　　　×××
　　　　　　　　　　　　当期変動額（純額）　　　　　　　　×××
　　　　　　　　　　　　当期末残高　　　　　　　　　　　　×××

　その他の包括利益累計額合計　当期首残高　　　　　　　　　×××
　　　　　　　　　　　　当期変動額（純額）　　　　　　　　×××
　　　　　　　　　　　　当期末残高　　　　　　　　　　　　×××

　新株予約権　　　　　　当期首残高　　　　　　　　　　　　×××
　　　　　　　　　　　　当期変動額（純額）　　　　　　　　×××
　　　　　　　　　　　　当期末残高　　　　　　　　　　　　×××

　非支配株主持分　　　　当期首残高　　　　　　　　　　　　×××
　　　　　　　　　　　　当期変動額（純額）　　　　　　　　×××
　　　　　　　　　　　　当期末残高　　　　　　　　　　　　×××

　純資産合計　　　　　　当期首残高　　　　　　　　　　　　×××
　　　　　　　　　　　　当期変動額　　　　　　　　　　　　×××
　　　　　　　　　　　　当期末残高　　　　　　　　　　　　×××

(2)　純資産の各項目を横に並べる様式

	株主資本					その他の包括利益累計額※2				新株予約権	非支配株主持分	純資産合計
	資本金	資本剰余金※1	利益剰余金※1	自己株式	株主資本合計	その他有価証券評価差額金	為替換算調整勘定	退職給付に係る調整累計額	その他の包括利益累計額合計			
当期首残高	×××	×××	×××	△×××	×××	×××	×××	×××	×××	×××	×××	×××
当期変動額												
新株の発行	×××				×××							×××
剰余金の配当			△×××		△×××							△×××
親会社株主に帰属する当期純利益			×××		×××							×××
自己株式の処分		×××		×××	×××							×××
株主資本以外の項目の当期変動額(純額)						×××	×××	×××	×××	×××	×××	×××
当期変動額合計	×××	×××	×××	×××	×××	×××	×××	×××	×××	×××	×××	×××
当期末残高	×××	×××	×××	△×××	×××	×××	×××	×××	×××	×××	×××	×××

※1　連結貸借対照表の場合と同様、内訳は示さない。

※2　連結貸借対照表の場合と同様、「その他の包括利益累計額」という用語を用いる。

第3節　連結財務諸表の作成方法

　連結財務諸表の目的は、支配従属関係にある企業集団を単一の組織体とみなし、当該企業集団の財政状態及び経営成績を総合的に報告することにある。

　したがって、連結財務諸表は、まず、企業集団を構成する各社の個別財務諸表を合算し、次に、構成会社間の対照項目を消去するなどの修正を行うことによって作成される。

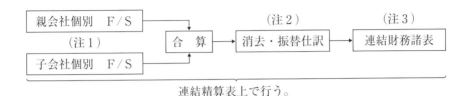

（注1）　合算の前に、連結財務諸表の様式に合わせた表示の組替えを行う。

（注2）　**連結修正仕訳**と呼ばれ、大きく二つに分類される。

　①　**資本連結**（投資と資本の相殺消去など）

　　　資本連結とは、親会社の子会社に対する投資とこれに対応する子会社の資本を相殺消去し、消去差額が生じた場合には当該差額をのれん（又は負ののれん）として計上するとともに、子会社の資本のうち親会社に帰属しない部分を非支配株主持分に振り替える一連の処理をいう。

　②　**成果連結**（会社間取引の消去・未実現利益の消去など）

　　　成果連結とは、連結財務諸表作成のための会計処理のうち資本連結以外の処理をいう。会社間取引の消去や未実現利益の消去などが該当する。

（注3）　連結精算表の連結財務諸表をもとにして、外部公表用の連結財務諸表を作成する。

　　　　　連結貸借対照表

　　　　　連結損益計算書

　　　　　連結株主資本等変動計算書

■■■ 第4節　支配獲得日における連結貸借対照表の作成 ■■■

1．概　要

　連結貸借対照表は、親会社及び子会社の個別貸借対照表における資産、負債及び純資産の金額を基礎とし、子会社の資産及び負債の評価、連結会社相互間の投資と資本の相殺消去等の処理を行って作成する。

2．投資と資本の相殺消去

　親会社の子会社に対する投資とこれに対応する子会社の資本は、相殺消去する。

⑴　親会社の子会社に対する投資の金額は、**支配獲得日**の時価による。

⑵　子会社の資本は、子会社の個別貸借対照表上の純資産の部における株主資本及びその他の包括利益累計額と評価差額からなる。

```
連結修正仕訳　投資と資本の相殺消去
  (資　　本　　金)　×××　　　(子 会 社 株 式)　×××
  (資 本 剰 余 金)　×××
  (利 益 剰 余 金)　×××
```

※　便宜上、自己株式等は無視している。

【投資勘定と子会社の資本の対応】

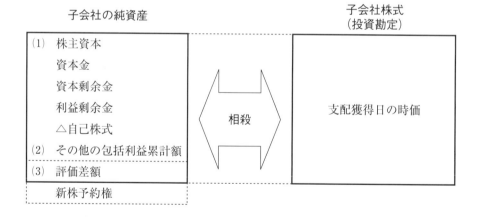

【例題 9 − 1】100％子会社の連結

X2年12月31日、Ｐ社はＳ社の発行済議決権株式総数の100％を30,000円で取得し、子会社とした。同日におけるＰ社及びＳ社の貸借対照表は次のとおりである。

よって、以下の資料に基づいて、連結修正仕訳を示し、X2年12月31日の連結貸借対照表を作成しなさい。なお、子会社の資産及び負債の時価はすべて帳簿価額と等しいものとする。

貸 借 対 照 表

Ｐ社	X2年12月31日		（単位：円）
諸 資 産	186,000	諸 負 債	36,000
Ｓ社株式	30,000	資 本 金	120,000
		利益剰余金	60,000
	216,000		216,000

貸 借 対 照 表

Ｓ社	X2年12月31日		（単位：円）
諸 資 産	42,000	諸 負 債	12,000
		資 本 金	15,000
		利益剰余金	15,000
	42,000		42,000

【解答への計算手順】（単位：円）

1．個別財務諸表の単純合算

単純合算した貸借対照表

諸 資 産	228,000	諸 負 債	48,000
Ｓ 社 株 式	30,000	資 本 金	135,000
		利 益 剰 余 金	75,000
	258,000		258,000

単純合算したＢ／Ｓにおける投資（Ｓ社株式）と、これに対応するＳ社の資本を相殺消去する。この修正を具体的にあらわしたものが下記の連結修正仕訳である。

2．連結修正仕訳

（資　本　金）	15,000	（Ｓ　社　株　式）	30,000
（利 益 剰 余 金）	15,000		

3．連結貸借対照表

連 結 貸 借 対 照 表

Ｐ社	X2年12月31日		（単位：円）
諸 資 産	228,000	諸 負 債	48,000
		資 本 金	120,000
		利 益 剰 余 金	60,000
	228,000		228,000

3．のれん

(1)　のれんの計上

親会社の子会社に対する投資とこれに対応する子会社の資本との相殺消去にあたり、差額が生じる場合には、当該差額を**のれん（又は負ののれん）**とする。

```
連結修正仕訳　投資と資本の相殺消去（のれんの計上）
　（資　　本　　金）　×××　　　（子 会 社 株 式）　×××
　（資 本 剰 余 金）　×××
　（利 益 剰 余 金）　×××
　（の　　れ　　ん）　×××
```

【例題9－2】のれんの計上

X2年12月31日、Ｐ社はＳ社の発行済議決権株式総数の100％を45,000円で取得し、子会社とした。同日におけるＰ社及びＳ社の貸借対照表は次のとおりである。

よって、以下の資料に基づいて、連結修正仕訳を示し、X2年12月31日の連結貸借対照表を作成しなさい。なお、子会社の資産及び負債の時価はすべて帳簿価額と等しいものとする。

貸 借 対 照 表
Ｐ社　　　　X2年12月31日　　（単位：円）

諸 資 産	183,000	諸 負 債	48,000
Ｓ社株式	45,000	資 本 金	120,000
		利益剰余金	60,000
	228,000		228,000

貸 借 対 照 表
Ｓ社　　　　X2年12月31日　　（単位：円）

諸 資 産	54,000	諸 負 債	24,000
		資 本 金	12,000
		利益剰余金	18,000
	54,000		54,000

【解答】（単位：円）

1．個別財務諸表の単純合算

単純合算した貸借対照表

諸　　資　　産	237,000	諸　　負　　債	72,000
Ｓ　社　株　式	45,000	資　　本　　金	132,000
		利　益　剰　余　金	78,000
	282,000		282,000

2．連結修正仕訳

（資 本 金）	12,000	（S 社 株 式）	45,000
（利 益 剰 余 金）	18,000		
（の れ ん）	15,000※		

※　45,000 −（12,000 + 18,000）= 15,000

3．連結貸借対照表

連 結 貸 借 対 照 表

P社　　　　　　　　　　X2年12月31日　　　　　　　（単位：円）

諸 資 産	237,000	諸 負 債	72,000
の れ ん	15,000	資 本 金	120,000
		利 益 剰 余 金	60,000
	252,000		252,000

【解説】（単位：円）

　親会社の投資勘定と子会社の資本勘定

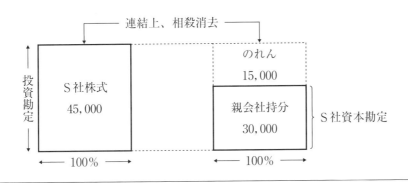

⑵　のれんの償却

　のれんは、資産として計上し、20年以内のその効果の及ぶ期間にわたって、定額法その他の合理的な方法により規則的に償却する。

```
連結修正仕訳　のれんの償却
　（の れ ん 償 却 額）　×××　　（の れ ん）　×××
```

⑶　のれんに関する表示

　のれんは無形固定資産の区分に表示し、のれんの当期償却額は販売費及び一般管理費の区分に表示する。

【例題9－3】のれんの償却

　以下の資料に基づき、①S社株式取得時における投資と資本の相殺消去に係る連結修正仕訳、及び②X2年度におけるのれんの償却に係る連結修正仕訳を示しなさい。なお、子会社の資産及び負債のX1年度末における時価はすべて帳簿価額と等しいものとする。

【資料】

1．P社（親会社）によるS社（連結子会社）株式取得状況とS社の資本勘定は次のとおりである。

株式取得状況			S社の資本勘定		
取得年月日	取得割合	取得原価	決算日	資本金	利益剰余金
X1年12月31日	100%	90,000千円	X1年12月31日	60,000千円	20,000千円

2．のれんは発生の翌年度から20年間で均等償却を行うものとする。

【解答】（単位：千円）

①　S社株式取得時における投資と資本の相殺消去

（資　本　金）	60,000	（S　社　株　式）	90,000
（利　益　剰　余　金）	20,000		
（の　れ　ん）	10,000※		

　※　90,000 －（60,000 + 20,000）= 10,000

②　X2年度におけるのれんの償却

（のれん償却額） 販売費及び一般管理費	500	（の　れ　ん）	500

　※　$10,000 \times \dfrac{1年}{20年} = 500$

４．非支配株主持分

　子会社の資本のうち親会社に帰属しない部分は、**非支配株主持分**とする。すなわち、支配獲得日の子会社の資本は、親会社に帰属する部分と非支配株主に帰属する部分とに分け、前者は親会社の投資と相殺消去し、後者は非支配株主持分として処理する。非支配株主持分は連結貸借対照表の純資産の部に計上する。

```
連結修正仕訳　投資と資本の相殺消去（非支配株主持分がある場合）
　（資　　本　　金）　×××　　（子 会 社 株 式）　×××
　（資 本 剰 余 金）　×××　　（非 支 配 株 主 持 分）　×××
　（利 益 剰 余 金）　×××
　（の　　れ　　ん）　×××
```

【例題９－４】非支配株主持分

　X2年12月31日、Ｐ社はＳ社の発行済議決権株式総数の90％を48,600円で取得し、子会社とした。同日におけるＰ社及びＳ社の貸借対照表は次のとおりである。

　よって、以下の資料に基づいて、連結修正仕訳を示し、X2年12月31日の連結貸借対照表を作成しなさい。なお、子会社の資産及び負債の時価はすべて帳簿価額と等しいものとする。

貸借対照表
Ｐ社　X2年12月31日　（単位：円）

諸 資 産	163,800	諸 負 債	36,000
Ｓ社株式	48,600	資 本 金	120,000
		利益剰余金	56,400
	212,400		212,400

貸借対照表
Ｓ社　X2年12月31日　（単位：円）

諸 資 産	54,000	諸 負 債	18,000
		資 本 金	12,000
		利益剰余金	24,000
	54,000		54,000

【解答】（単位：円）

１．個別財務諸表の単純合算

単純合算した貸借対照表

諸 資 産	217,800	諸 負 債	54,000
Ｓ 社 株 式	48,600	資 本 金	132,000
		利 益 剰 余 金	80,400
	266,400		266,400

２．連結修正仕訳

（資　　本　　金）	12,000		（Ｓ　社　株　式）	48,600
（利　益　剰　余　金）	24,000		（非支配株主持分）	3,600[※1]
（の　　れ　　ん）	16,200[※2]			

※1　$(12,000 + 24,000) \times 10\% = 3,600$

※2　$48,600 - (12,000 + 24,000) \times 90\% = 16,200$

３．連結貸借対照表

連 結 貸 借 対 照 表

Ｐ社	X2年12月31日		（単位：円）
諸　　資　　産	217,800	諸　　負　　債	54,000
の　　れ　　ん	16,200	資　　本　　金	120,000
		利　益　剰　余　金	56,400
		非支配株主持分	3,600
	234,000		234,000

【解説】（単位：円）

親会社の投資勘定と子会社の資本勘定

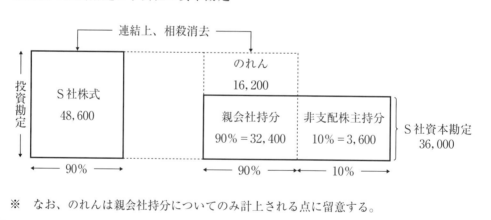

※　なお、のれんは親会社持分についてのみ計上される点に留意する。

5．資産・負債の時価評価（全面時価評価法）

　連結貸借対照表の作成にあたっては、支配獲得日において、子会社の資産及び負債のすべてを**支配獲得日の時価**により評価する方法（**全面時価評価法**）により評価する。子会社の資産及び負債の時価による評価額と当該資産及び負債の個別貸借対照表上の金額との差額（**評価差額**）は、子会社の資本とする。なお、子会社の資産及び負債を毎期末に時価評価するわけではないことに留意する必要がある。

┌─ 【例題 9 － 5 】 資産・負債の時価評価 ─────────────────

　X3年 3 月31日、P 社は S 社の発行済議決権株式総数の80％を4,000円で取得し、子会社とした。同日における P 社及び S 社の貸借対照表は次のとおりである。なお、S 社の土地（簿価1,000円）の公正な評価額は1,750円である。

　よって、以下の資料に基づいて、各修正仕訳を示すとともに、連結貸借対照表を作成しなさい。

<table>
<tr><td colspan="3" align="center">貸 借 対 照 表</td><td colspan="3" align="center">貸 借 対 照 表</td></tr>
<tr><td>P 社</td><td align="center">X3年 3 月31日</td><td align="right">（単位：円）</td><td>S 社</td><td align="center">X3年 3 月31日</td><td align="right">（単位：円）</td></tr>
<tr><td>諸 資 産</td><td align="right">17,000</td><td>諸 負 債　10,200</td><td>諸 資 産</td><td align="right">5,000</td><td>諸 負 債　1,800</td></tr>
<tr><td>S社株式</td><td align="right">4,000</td><td>資 本 金　9,000</td><td>土 　 地</td><td align="right">1,000</td><td>資 本 金　3,000</td></tr>
<tr><td></td><td></td><td>利益剰余金　1,800</td><td></td><td></td><td>利益剰余金　1,200</td></tr>
<tr><td></td><td align="right">21,000</td><td>　　　　　21,000</td><td></td><td align="right">6,000</td><td>　　　　　6,000</td></tr>
</table>

【解答】（単位：円）

1．個別財務諸表の単純合算

　　S 社の貸借対照表を下記仕訳のとおり修正したうえで単純合算を行う。

　　（土　　　　　　　　地）　　　750　　（評　価　差　額）　　　750

　　※　1,750－1,000＝750

単純合算した貸借対照表

<table>
<tr><td>諸　　資　　産</td><td align="right">22,000</td><td>諸　　負　　債</td><td align="right">12,000</td></tr>
<tr><td>土　　　　　地</td><td align="right">1,750</td><td>資　　本　　金</td><td align="right">12,000</td></tr>
<tr><td>S　社　株　式</td><td align="right">4,000</td><td>利　益　剰　余　金</td><td align="right">3,000</td></tr>
<tr><td></td><td></td><td>評　価　差　額</td><td align="right">750</td></tr>
<tr><td></td><td align="right">27,750</td><td></td><td align="right">27,750</td></tr>
</table>

2．連結修正仕訳

　　（資　　本　　金）　　3,000　　（S　社　株　式）　　4,000
　　（利　益　剰　余　金）　　1,200　　（非 支 配 株 主 持 分）　　990[※1]
　　（評　価　差　額）　　750
　　（の　　れ　　ん）　　40[※2]

　　※1　（3,000＋1,200＋750）×20％＝990
　　※2　4,000－（3,000＋1,200＋750）×80％＝40

３．連結貸借対照表

連 結 貸 借 対 照 表

P社　　　　　　　　　　　　　X3年３月31日　　　　　　　　　　　　（単位：円）

諸　　　資　　　産	22,000	諸　　　負　　　債	12,000
土　　　　　　　地	1,750	資　　　本　　　金	9,000
の　　　れ　　　ん	40	利　益　剰　余　金	1,800
		非 支 配 株 主 持 分	990
	23,790		23,790

【解説】（単位：円）

親会社の投資勘定と子会社の資本勘定

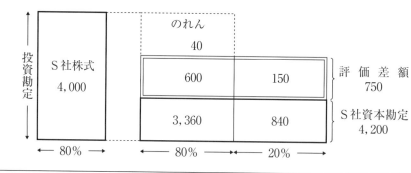

第10章　企業結合会計

第1節　総論

　企業結合とは、ある企業（又はある企業を構成する事業）と他の企業（又は他の企業を構成する事業）とが一つの報告単位に統合されることをいう。なお、企業結合には、事業譲受、合併などがある。

第2節　事業譲受

　事業譲受とは、**譲受企業（取得企業）**が**譲渡企業（被取得企業）**を構成する事業のすべて（又は事業の一部）を有償で譲り受けることをいう。

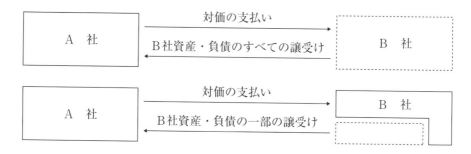

　なお、ここでは譲受企業（取得企業）について説明する。

⑴　譲受企業の会計処理

　譲受企業（取得企業）は、譲渡企業（被取得企業）から譲り受けた資産・負債を時価により記帳し、対価として支払った現金などの金額（取得原価）が、受け入れた資産及び引き受けた負債の差額を上回る場合には、その超過額を**のれん勘定**（資産）の借方に記帳する。

| （諸　　資　　産） | ×××　　　 | （諸　　負　　債） | ××× |
| （の　　れ　　ん） | ×××　　　 | （当　座　預　金） | ××× |

　のれんは、取得後、20年以内に規則的に償却し、この償却額は、毎決算期に**のれん償却額勘定**（費用）の借方に記帳し、**のれん勘定**から減額する。

| （の　れ　ん　償　却　額） | ×××　　　 | （の　　れ　　ん） | ××× |

【例題10－1】事業譲受

次の取引の仕訳を行いなさい。

(1) A社は、次のような財政状態にあるB社を6,100,000円で買収し、買収代金は小切手を振り出して支払った。

なお、B社の諸資産の時価は7,500,000円、諸負債の時価は2,000,000円である。

B社	貸 借 対 照 表		（単位：円）
諸　資　産	7,000,000	諸　負　債	2,000,000
		資　本　金	5,000,000
	7,000,000		7,000,000

【解答】

（諸　　資　　産）	7,500,000	（諸　　　負　　　債）	2,000,000
（の　　れ　　ん）	600,000	（当　座　預　金）	6,100,000

〈のれんの計算〉

6,100,000円 － （7,500,000円 － 2,000,000円）＝600,000円
（取得原価）　　　　（B社諸資産時価）　（B社諸負債時価）

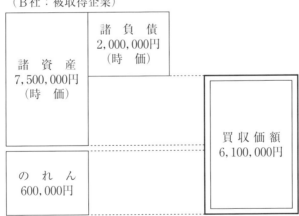

（B社：被取得企業）

(2) 決算にあたり、10年間の毎期均等額でのれん償却を行った。

【解答】

（の れ ん 償 却 額）	60,000	（の　　れ　　ん）	60,000

〈のれん償却額の計算〉

$$600{,}000円 \times \frac{1年}{10年} = 60{,}000円$$

第3節　合併

　合併とは、法律上別個の会社であったものが一つの会社に結合されることをいい、通常、**吸収合併**という形態をとっている。

　吸収合併とは、ある会社が他の会社を吸収する合併形態をいい、**存続会社**は**消滅会社**の資産と負債を受け入れ、消滅会社の株主に対して一般的に株式を発行し、消滅会社の株主は新たに存続会社の株主となる。

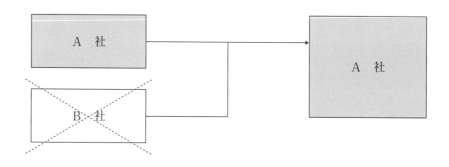

　なお、ここでは存続会社について説明する。

⑴　存続会社の会計処理

　存続会社（取得企業）は消滅会社（被取得企業）から受け入れた資産・負債を時価により記帳し、対価として交付した株式などの金額（取得原価）が、受け入れた資産及び引き受けた負債の差額を上回る場合には、その超過額を**のれん勘定**（資産）の借方に記帳する。

　また、株式の発行により資本金を増加させる必要があるが、資本金として処理しない金額は、**資本準備金勘定**又は**その他資本剰余金勘定**（純資産）の貸方に記帳する。

（諸　　資　　産）	×××	（諸　　負　　債）	×××
（の　　れ　　ん）	×××	（資　　本　　金）	×××
		（資　本　準　備　金） 又はその他資本剰余金	×××

【例題10－2】合併

次の取引の仕訳を行いなさい。

A社は、次のような財政状態にあるB社を吸収合併し、1株当たり60,000円の株式100株を交付した。なお、1株につき50,000円を資本金とし、残額は資本準備金とする。

また、B社の諸資産の時価は7,500,000円、諸負債の時価は2,000,000円である。

B社	貸　借　対　照　表		（単位：円）
諸　資　産	7,000,000	諸　負　債	2,000,000
		資　本　金	5,000,000
	7,000,000		7,000,000

【解答】

（諸　　資　　産）	7,500,000	（諸　　　負　　　債）	2,000,000
（の　　れ　　ん）	500,000	（資　　本　　金）	5,000,000
		（資　本　準　備　金）	1,000,000

〈取得原価の計算〉

@60,000円×100株＝6,000,000円

〈資本金計上額の計算〉

@50,000円×100株＝5,000,000円

〈資本準備金の計算〉

（@60,000円×100株）－5,000,000円＝1,000,000円
　　　　　　　　　　　　　　　資本金

〈のれんの計算〉

6,000,000円－（7,500,000円－2,000,000円）＝500,000円
　取得原価　　　　　B社諸資産時価　　B社諸負債時価

（B社：被取得企業）

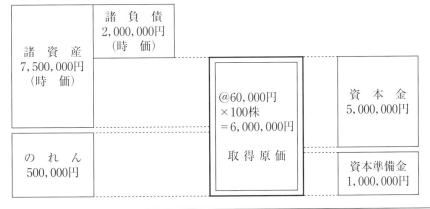

第11章 キャッシュ・フロー会計

■■■■■　第1節　キャッシュ・フロー計算書の概要　■■■

1．作成目的

> キャッシュ・フロー計算書は、企業集団の一会計期間におけるキャッシュ・フローの
> 状況を報告するために作成するものである。

　キャッシュ・フロー計算書とは、企業の一会計期間におけるキャッシュ・フロー（資金
の増加又は減少）の状況を報告するための財務諸表である。

2．必要性

　キャッシュ・フロー計算書においては、収入額と支出額をその事由とともに明らかにす
る。このため、企業の資金獲得能力、債務や配当金の支払能力などの情報を投資者に提供
することができる。企業はたとえ利益を計上していても資金繰りがつかなければ倒産する
こともあり、キャッシュ・フロー情報は、企業の支払能力を捉え、倒産の可能性を分析す
るうえでも有用となる。

3．資金の範囲

　キャッシュ・フロー計算書が対象とする資金の範囲は、**現金及び現金同等物**である。

現　　　金	手許現金 　及び 要求払預金（例えば、当座預金、普通預金、通知預金など）
現金同等物	容易に換金可能であり、かつ、価値の変動について僅少なリスクしか負わない短期投資（例えば、**取得日から満期日又は償還日までの期間が3カ月以内**の短期投資である定期預金、譲渡性預金、コマーシャルペーパーなど）

４．表示区分

　キャッシュ・フロー計算書においては、キャッシュ・フローの状況を一定の活動区分別に表示する。具体的には、キャッシュ・フローを「**営業活動によるキャッシュ・フロー**」、「**投資活動によるキャッシュ・フロー**」及び「**財務活動によるキャッシュ・フロー**」の三つに区分して表示する。

⑴　営業活動によるキャッシュ・フロー

　営業活動によるキャッシュ・フロー（小計）は、主たる営業活動から獲得したキャッシュ・フローを示す。具体的には、損益計算書における売上高、売上原価、販売費及び一般管理費に含まれる取引（営業損益計算の対象となった取引）に係るキャッシュ・フローなどを記載する。

　また、投資活動及び財務活動以外の取引によるキャッシュ・フローを小計の下に記載する。

⑵　投資活動によるキャッシュ・フロー

　投資活動によるキャッシュ・フローは、将来の利益獲得及び資金運用のために支出又は回収したキャッシュ・フローを示す。具体的には、①有形固定資産及び無形固定資産の取得及び売却、②資金の貸付け及び回収並びに③有価証券の取得及び売却などの取引に係るキャッシュ・フローを記載する。

⑶　財務活動によるキャッシュ・フロー

　財務活動によるキャッシュ・フローは、営業活動及び投資活動を維持するために調達又は返済したキャッシュ・フローを示す。具体的には、①借入れ及び株式又は社債の発行による資金の調達並びに②借入金の返済及び社債の償還などの取引に係るキャッシュ・フローを記載する。

⑷　表示区分に関するその他の留意事項

　法人税等に係るキャッシュ・フローは、営業活動によるキャッシュ・フローの小計の下に記載する。また、利息及び配当金の表示区分については、以下の二つの方法のいずれかの方法により記載する。

	方　法　①	方　法　②
利息の受取額	営業活動によるキャッシュ・フロー（小計の下）	投資活動によるキャッシュ・フロー
配当金の受取額		
利息の支払額		財務活動によるキャッシュ・フロー
配当金の支払額	財務活動によるキャッシュ・フロー	

5．表示方法

⑴　営業活動によるキャッシュ・フロー

　営業活動によるキャッシュ・フロー（小計まで）は、主たる営業活動から獲得したキャッシュ・フローを示す。この営業活動によるキャッシュ・フロー（小計まで）の表示方法には、**直接法**と**間接法**とがある。

直　接　法	営業収入や商品の仕入れによる支出等、主要な取引ごとに収入総額及び支出総額を表示する方法
間　接　法	税引前当期純利益に必要な調整項目を加減して営業活動によるキャッシュ・フロー（小計）を表示する方法

⑵　投資活動によるキャッシュ・フロー及び財務活動によるキャッシュ・フロー

　投資活動によるキャッシュ・フロー及び財務活動によるキャッシュ・フローの表示方法については、原則として主要な取引ごとにキャッシュ・フローを総額で表示することが要求されている。ただし、期間が短く、かつ、回転が速い項目に係るキャッシュ・フローは純額で表示することができる。例えば、短期借入金などの借換えによるキャッシュ・フローや、短期貸付金の貸付けと返済が連続して行われている場合のキャッシュ・フローなどが該当する。

6．表示様式

様式1　営業活動によるキャッシュ・フローを直接法により表示する場合

営業活動によるキャッシュ・フロー	
営業収入	×××
原材料又は商品の仕入支出	△×××
人件費支出	△×××
その他の営業支出	△×××
小計	×××
利息及び配当金の受取額	×××
利息の支払額	△×××
交付金及び共済金その他の受取額	×××
法人税等の支払額	△×××
営業活動によるキャッシュ・フロー	×××
投資活動によるキャッシュ・フロー	
有価証券の取得による支出	△×××
有価証券の売却による収入	×××
有形固定資産の取得による支出	△×××
有形固定資産の売却による収入	×××
投資有価証券の取得による支出	△×××
投資有価証券の売却による収入	×××
貸付けによる支出	△×××
貸付金の回収による収入	×××
投資活動によるキャッシュ・フロー	×××
財務活動によるキャッシュ・フロー	
短期借入れによる収入	×××
短期借入金の返済による支出	△×××
長期借入れによる収入	×××
長期借入金の返済による支出	△×××
社債の発行による収入	×××
社債の償還による支出	△×××
株式の発行による収入	×××
自己株式の取得による支出	△×××
配当金の支払額	△×××
財務活動によるキャッシュ・フロー	×××
現金及び現金同等物に係る換算差額	×××
現金及び現金同等物の増減額	×××
現金及び現金同等物の期首残高	×××
現金及び現金同等物の期末残高	×××

様式2　営業活動によるキャッシュ・フローを間接法により表示する場合

（営業活動によるキャッシュ・フローの区分のみ示す）

営業活動によるキャッシュ・フロー

税引前当期純利益	×××
減価償却費　※	×××
貸倒引当金の増減額	×××
受取利息　※	△×××
受取配当金　※	△×××
作付助成収入　※	△×××
支払利息　※	×××
経営安定補塡収入　※	△×××
固定資産売却益　※	△×××
固定資産圧縮損　※	×××
売上債権の増減額	△×××
たな卸資産の増減額	△×××
仕入債務の増減額	×××
小計	×××
利息及び配当金の受取額	×××
利息の支払額	△×××
交付金及び共済金その他の受取額	×××
法人税等の支払額	△×××
営業活動によるキャッシュ・フロー	×××

⋮

※　逆算調整の項目

┌─【例題11－1】基本例題─────────────────

　以下の資料に基づいて、当期のキャッシュ・フロー計算書を作成しなさい。

〔**資料Ⅰ**〕資金の残高

１．現金預金勘定（手許現金及び当座預金）の期首残高は151,500千円、期末残高は200,000千円であった。

２．手許現金及び当座預金のみがキャッシュ・フロー計算書における現金及び現金同等物に該当する。

〔**資料Ⅱ**〕営業活動によるキャッシュ・フロー（直接法により表示する）

１．期中を通じて、売掛金の回収額が1,500,000千円あった。

２．期中を通じて、買掛金の支払額が1,050,000千円あった。

３．期中を通じて、給料を220,000千円支払った。

４．期中を通じて、給料以外の販売費として130,000千円支出した。

〔**資料Ⅲ**〕投資活動及び財務活動によるキャッシュ・フロー

１．土地を300,000千円で取得し、代金を支払った。

２．機械装置を50,000千円で売却し、代金を受け取った。

３．新株を発行し200,000千円が当座預金に払い込まれた。

４．株主に対して1,500千円の配当金を支払った。

【**解答**】（単位：千円）

１．期中仕訳

(1) 売掛金の回収

　（現　金　預　金）　1,500,000　　（売　　掛　　金）　1,500,000

(2) 買掛金の支払い

　（買　　掛　　金）　1,050,000　　（現　金　預　金）　1,050,000

(3) 給料

　（給　　　　料）　220,000　　（現　金　預　金）　220,000

(4) 販売費

　（販　　売　　費）　130,000　　（現　金　預　金）　130,000

(5) 土地取得

　（土　　　　地）　300,000　　（現　金　預　金）　300,000

(6) 機械装置売却

　（現　金　預　金）　50,000　　（機　械　装　置）　×××

　（減価償却累計額）　×××　　（固定資産売却益）　×××

(7)　株式発行

（現　金　預　金）　200,000　　（資　　本　　金）　200,000

(8)　剰余金の配当

（繰越利益剰余金）　1,500　　（現　金　預　金）　1,500

２．現金預金勘定

現　金　預　金

期首残高	151,500	買掛金支払い	
売掛金回収			1,050,000
		給料支払い	220,000
		販売費支払い	130,000
	1,500,000	土地取得	300,000
機械装置売却	50,000	配当金支払い	1,500
株式発行	200,000	期末残高	200,000

※　キャッシュ・フロー計算書は上記の現金預金勘定を外部報告用の財務諸表として表示するものであるということができる。

3．キャッシュ・フロー計算書

営業活動によるキャッシュ・フロー	
営業収入	1,500,000
原材料又は商品の仕入れによる支出	△1,050,000
人件費の支出	△220,000
その他の営業支出	△130,000
営業活動によるキャッシュ・フロー	100,000
投資活動によるキャッシュ・フロー	
有形固定資産の取得による支出	△300,000
有形固定資産の売却による収入	50,000
投資活動によるキャッシュ・フロー	△250,000
財務活動によるキャッシュ・フロー	
株式の発行による収入	200,000
配当金の支払額	△1,500
財務活動によるキャッシュ・フロー	198,500
現金及び現金同等物の増減額	48,500※
現金及び現金同等物の期首残高	151,500
現金及び現金同等物の期末残高	200,000

※　$\underset{\text{期末残高}}{200,000} - \underset{\text{期首残高}}{151,500} = 48,500$　又は

　　$\underset{\text{営業活動}}{100,000} - \underset{\text{投資活動}}{250,000} + \underset{\text{財務活動}}{198,500} = 48,500$

─【例題11－2】基本例題－推定計算 ─────────────

以下の資料に基づいて、当期のキャッシュ・フロー計算書を作成しなさい。

〔資料Ⅰ〕貸借対照表

貸借対照表（一部）　　　　（単位：千円）

借　方	前期末	当期末	貸　方	前期末	当期末
現　金　預　金	193,000	275,000	減価償却累計額	100,000	75,000
備　　　　　品	400,000	500,000	資　本　金	500,000	550,000
			資　本　準　備　金	50,000	100,000

　貸借対照表における現金預金がキャッシュ・フロー計算書における現金及び現金同等物に該当する。

〔資料Ⅱ〕損益計算書

損益計算書（一部）　　　　（単位：千円）

借　方	金　額	貸　方	金　額
減　価　償　却　費	15,000	固定資産売却益	2,000

〔資料Ⅲ〕期中取引

1．備品のうち一部（取得原価100,000千円、減価償却累計額？千円）を期首に？千円で売却している。

2．備品を？千円で取得している。

3．新株発行を行い、？千円が払い込まれている。その際、会社法規定の最低限度額を資本金に組み入れている。

〔資料Ⅳ〕営業活動によるキャッシュ・フロー（直接法により表示する）

　現金売上：2,000,000千円　　現金仕入：1,500,000千円

　給料支払：　240,000千円　　販売費支払：　140,000千円

【解答】（単位：千円）

1．備品の取得

(1) 備品勘定の分析

備	品	
期首	売却	100,000
400,000	期末	
取得 200,000		500,000

期首及び期末は貸借対照表より、売却による減少額は資料より判明し、当期に取得した備品の取得原価は貸借差額で算定する。

(2)　仕　訳

（備　　　　　　　　品）　　200,000　　（現　金　預　金）　　200,000
_{有形固定資産の取得による支出}

２．備品の売却

(1)　減価償却累計額の分析

減価償却累計額

売却	40,000	期首	
期末			100,000
	75,000	減価償却費	15,000

期首及び期末は貸借対照表より、減価償却費は損益計算書より判明し、当期に売却した備品に係る減価償却累計額は貸借差額で算定する。

(2)　仕　訳

（減 価 償 却 累 計 額）　40,000　　（備　　　　　　　　品）　100,000

（現　金　預　金）　62,000※　（固 定 資 産 売 却 益）　2,000
_{有形固定資産の売却による収入}

　※　貸借差額

３．株式の発行

（現　金　預　金）　100,000※3　（資　　本　　金）　50,000※1
_{株式の発行による収入}

　　　　　　　　　　　　　　　　（資　本　準　備　金）　50,000※2

　※1　550,000－500,000＝50,000

　※2　100,000－50,000＝50,000

　※3　貸方合計

４．キャッシュ・フロー計算書

営業活動によるキャッシュ・フロー	
営業収入	2,000,000
原材料又は商品の仕入れによる支出	△1,500,000
人件費の支出	△240,000
その他の営業支出	△140,000
営業活動によるキャッシュ・フロー	120,000
投資活動によるキャッシュ・フロー	
有形固定資産の取得による支出	△200,000
有形固定資産の売却による収入	62,000
投資活動によるキャッシュ・フロー	△138,000
財務活動によるキャッシュ・フロー	
株式の発行による収入	100,000
財務活動によるキャッシュ・フロー	100,000
現金及び現金同等物の増減額	82,000
現金及び現金同等物の期首残高	193,000
現金及び現金同等物の期末残高	275,000

第2節　営業活動によるキャッシュ・フロー

1．直接法

⑴　意　義

直接法は、営業収入や原材料又は商品の仕入支出等、主要な取引ごとに収入総額及び支出総額を表示する方法である。

```
営業活動によるキャッシュ・フロー
   営業収入                          ×××
   原材料又は商品の仕入支出          △×××
   人件費支出                        △×××
   その他の営業支出                  △×××
      小計                           ×××
```

⑵　営業収入

営業収入は、商品等を販売したことによる収入額である。具体的には、現金売上高、売上債権（受取手形及び売掛金）の現金回収額、前受金の受領額及び償却済み債権の回収額を集計する。

⑶　原材料又は商品の仕入支出

原材料又は商品の仕入支出は、原材料又は商品を購入したことによる支出額である。具体的には、現金仕入高、仕入債務（支払手形及び買掛金）の現金決済額及び前渡金の支払額を集計する。

⑷　人件費支出

人件費支出は、人事関連の費用についての支出額である。具体的には、給料諸手当、賞与及び退職金の支払額を集計する。

⑸　その他の営業支出

その他の営業支出は、損益計算書における販売費及び一般管理費のうち、人件費以外の費目に係る支出額である。したがって、様々な費目に係る支出額が該当することになるが、例えば、広告宣伝費、水道光熱費、不動産賃借料などの支払額が含まれる。

【例題11－3】直接法

　以下の資料に基づいて、直接法による場合のキャッシュ・フロー計算書（営業活動の区分の小計）を作成しなさい。

〔資料Ⅰ〕貸借対照表

貸借対照表（一部）　　　　　（単位：千円）

借　　方	前期末	当期末	貸　　方	前期末	当期末
売 上 債 権	600	660	仕 入 債 務	400	430
棚 卸 資 産	400	360	未 払 給 料	50	40
前 払 営 業 費	100	80			

〔資料Ⅱ〕損益計算書

損　益　計　算　書　　　　　（単位：千円）

借　　方	金　　額	貸　　方	金　　額
売 上 原 価	3,300	売　　上　　高	5,600
給　　　　料	900		
営　業　費	700		
減 価 償 却 費	200		
当 期 純 利 益	500		
合　　計	5,600	合　　計	5,600

【解答】（単位：千円）

1．営業収入

売　上　債　権

期首	600	回収額	
売上高			5,540
	5,600	期末	660

★仕訳★

（売上債権）5,600　（売　　上）5,600

（現金預金）5,540　（売上債権）5,540

　なお、問題文より判明しないが、損益計算書の売上高は全額が掛売上と仮定する。一部が現金売上だったとしても、結果的に営業収入の金額は異ならない。

2．原材料又は商品の仕入れによる支出

棚　卸　資　産

期首	400	売上原価	
当期仕入			3,300
	3,260	期末	360

仕　入　債　務

支払額		期首	400
	3,230	当期仕入	
期末	430		3,260

★仕訳★

（仕　　　入）3,260　（仕入債務）3,260

（仕入債務）3,230　（現金預金）3,230

　　なお、問題文より判明しないが、当期商品仕入高は全額が掛仕入と仮定する。一部が現金仕入だったとしても、結果的に商品の仕入れによる支出の金額は異ならない。

3．人件費の支出

給　　　料

支払額		期首未払	50
	910	損益	
期末未払	40		900

★仕訳★

（未払給料）　　50　（給　　　料）　　50

（給　　　料）　910　（現金預金）　910

（給　　　料）　　40　（未払給料）　　40

4．その他の営業支出

営　　業　　費

期首前払	100	期末前払	80
支払額		損益	
	680		700

★仕訳★

（営　業　費）　100　（前払営業費）　100

（営　業　費）　680　（現金預金）　680

（前払営業費）　　80　（営　業　費）　　80

5．キャッシュ・フロー計算書

営業活動によるキャッシュ・フロー	
営業収入	5,540
原材料又は商品の仕入れによる支出	△3,230
人件費の支出	△910
その他の営業支出	△680
小計	720

【例題11－4】直接法－貸倒引当金

　以下の資料に基づいて、直接法による場合のキャッシュ・フロー計算書（営業活動の区分の小計）を作成しなさい。

〔資料Ⅰ〕貸借対照表

貸借対照表（一部）　　　　（単位：千円）

借　　方	前期末	当期末	貸　　方	前期末	当期末
売 上 債 権	8,500	9,200	貸 倒 引 当 金	340	368

〔資料Ⅱ〕損益計算書

損 益 計 算 書　　　　（単位：千円）

借　　方	金　　額	貸　　方	金　　額
売 上 原 価	58,500	売 上 高	90,000
給　　　　料	12,500		
営 業 費	10,832		
貸倒引当金繰入	168		
当 期 純 利 益	8,000		
合　　計	90,000	合　　計	90,000

【解答】（単位：千円）

1．営業収入

貸 倒 引 当 金

貸倒れ	140	期首	
期末			340
	368	繰入	168

売 上 債 権

期首	8,500	回収額	
売上高			89,160
		貸倒引当金	140
	90,000	期末	9,200

★仕訳★

（貸倒引当金）	140	（売上債権）	140
（貸倒引当金繰入）	168	（貸倒引当金）	168
（売上債権）90,000		（売　　上）90,000	
（現金預金）89,160		（売上債権）89,160	

2．原材料又は商品の仕入れによる支出

　棚卸資産及び仕入債務が貸借対照表に存在しないため、損益計算書の売上原価の
金額がそのまま支出額となる。

3．キャッシュ・フロー計算書

営業活動によるキャッシュ・フロー	
営業収入	89,160
原材料又は商品の仕入れによる支出	△58,500
人件費の支出	△12,500
その他の営業支出	△10,832
小計	7,328

２．間接法

⑴　意　義

　間接法は、税引前当期純利益に必要な調整項目を加減して営業活動によるキャッシュ・
フロー（小計）を表示する方法である。

営業活動によるキャッシュ・フロー	
税引前当期純利益	×××
減価償却費	×××
貸倒引当金の増減額（減少の場合に△）	×××
受取利息	△×××
受取配当金	△×××
作付助成収入	△×××
支払利息	×××
固定資産売却損益（売却益の場合は△）	△×××
売上債権の増減額（増加の場合に△）	△×××
たな卸資産の増減額（増加の場合に△）	△×××
仕入債務の増減額（減少の場合に△）	×××
小計	×××

(2)　考え方

　直接法による場合でも間接法による場合でも、小計の金額は一致する。したがって、間接法による場合は、税引前当期純利益を始点として直接法による小計の金額を求める計算過程を経ることになる。さらに換言するならば、間接法は、税引前当期純利益に算入されている各損益項目を、直接法による場合の各キャッシュ・フロー項目（営業収入、原材料又は商品の仕入支出、人件費の支出、その他の営業支出）の金額に調整する方法ということができる。

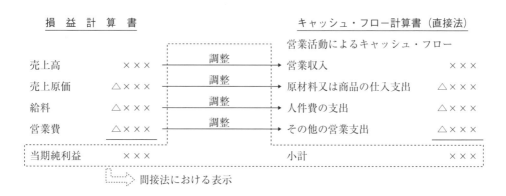

(3)　調整項目

①　営業活動による資産・負債の増減額の調整

　損益項目のうち、営業活動に関係する項目については、営業活動による資産・負債の増減額を調整することにより、直接法による場合の各キャッシュ・フロー項目（営業収入、原材料又は商品の仕入支出、人件費の支出、その他の営業支出）の金額にする。

　例えば、売上高の金額に売上債権の増減額を調整することで、営業収入の金額とする。

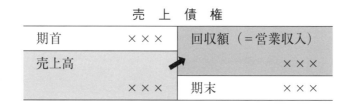

　売上高と回収額の差額は、売上債権の期首残高と期末残高の差額と等しい。したがって、損益計算書における売上高をキャッシュ・フロー計算書における営業収入の金額に修正するためには、売上債権の増減額を調整すればよい。

　営業活動による負債においても同様の調整が必要であり、営業活動による資産・負債の増減額の調整について、加算調整を行うか減算調整を行うかをまとめると以下のようになる。

営業活動による資産・負債の増減	キャッシュ・フロー計算書における調整
資産の増加	マイナス調整
資産の減少	プラス調整
負債の増加	プラス調整
負債の減少	マイナス調整

② 営業活動によるキャッシュ・フロー（小計）と関係しない損益項目

損益項目のうち、営業活動によるキャッシュ・フロー（小計）と関係しない項目については、**逆算調整**を行う。

例えば、減価償却費、受取利息、固定資産売却益などは、直接法による場合の各キャッシュ・フロー項目（営業収入、原材料又は商品の仕入支出、人件費の支出、その他の営業支出）と無関係である。この場合、当期純利益に算入されている各損益項目の金額を除外して、営業キャッシュ・フロー（小計）の金額に調整する。すなわち、収益であればマイナスの調整、費用であればプラスの調整を行う。

損益項目のうち、キャッシュ・フローを伴わない項目を非資金損益項目ということがある。例えば、減価償却費、減損損失、貸倒損失などを指す。

┌───┐
【例題11－5】間接法

　以下の資料に基づいて、間接法による場合のキャッシュ・フロー計算書（営業活動の区分の小計）を作成しなさい。

〔**資料Ⅰ**〕貸借対照表

貸借対照表（一部）　　　　　　　（単位：千円）

借　方	前期末	当期末	貸　方	前期末	当期末
売　上　債　権	600	660	仕　入　債　務	400	430
棚　卸　資　産	400	360	未　払　給　料	50	40
前　払　営　業　費	100	80			

〔**資料Ⅱ**〕損益計算書

損　益　計　算　書　　　　　　（単位：千円）

借　方	金　額	貸　方	金　額
売　上　原　価	3,300	売　上　高	5,600
給　　　料	900		
営　業　費	700		
減　価　償　却　費	200		
当　期　純　利　益	500		
合　　計	5,600	合　　計	5,600

└───┘

【解答】（単位：千円）

1．営業収入

売　上　債　権

期首	600	回収額	
売上高			5,540
	5,600	期末	660

　損益計算書における売上高5,600を営業収入5,540に修正するため、売上債権の増加額60［＝660－600］を減算調整する。

２．原材料又は商品の仕入れによる支出

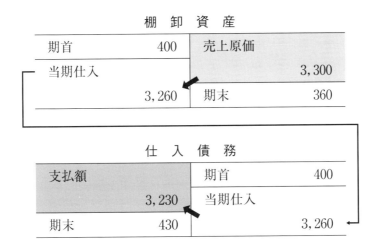

棚　卸　資　産

期首	400	売上原価	
当期仕入			3,300
	3,260	期末	360

仕　入　債　務

支払額		期首	400
	3,230	当期仕入	
期末	430		3,260

　　損益計算書における売上原価△3,300を原材料又は商品の仕入れによる支出△3,230に修正する。まず、棚卸資産の減少額40［＝400−360］を加算調整して、当期仕入高△3,260に修正する。次に、仕入債務の増加額30［＝430−400］を加算調整する。

３．人件費の支出

給　　料

支払額		期首未払	50
	910	損益	
期末未払	40		900

　　損益計算書における給料△900を人件費の支出△910に修正するため、未払費用の減少額10［＝50−40］を減算調整する。

４．その他の営業支出

営　業　費

期首前払	100	期末前払	80
支払額		損益	
	680		700

　　損益計算書における営業費△700をその他の営業支出△680に修正するため、前払費用の減少額20［＝100−80］を加算調整する。

5．減価償却費

　　減価償却費は、営業活動によるキャッシュ・フロー（小計）と関係しない項目であるため、逆算調整を行う。

6．間接法による場合の調整項目（損益計算書及び直接法による場合の各項目との関係図）

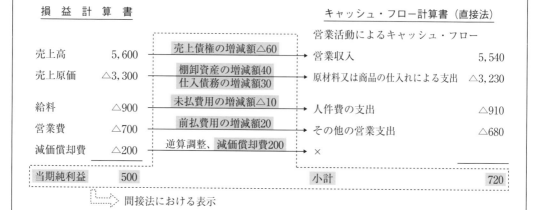

損　益　計　算　書			キャッシュ・フロー計算書（直接法）	
			営業活動によるキャッシュ・フロー	
売上高	5,600	売上債権の増減額△60	営業収入	5,540
売上原価	△3,300	棚卸資産の増減額40　仕入債務の増減額30	原材料又は商品の仕入れによる支出	△3,230
給料	△900	未払費用の増減額△10	人件費の支出	△910
営業費	△700	前払費用の増減額20	その他の営業支出	△680
減価償却費	△200	逆算調整、減価償却費200	×	
当期純利益	500		小計	720

┈┈▷　間接法における表示

7．キャッシュ・フロー計算書

営業活動によるキャッシュ・フロー	
税引前当期純利益	500
減価償却費	200
売上債権の増減額	△60
棚卸資産の増減額	40
仕入債務の増減額	30
前払費用の増減額	20
未払費用の増減額	△10
小計	720

【例題11−6】間接法−貸倒引当金

　以下の資料に基づいて、間接法による場合のキャッシュ・フロー計算書（営業活動の区分の小計）を作成しなさい。

〔資料Ⅰ〕貸借対照表

貸借対照表（一部）　　　　　（単位：千円）

借　方	前期末	当期末	貸　方	前期末	当期末
売　上　債　権	8,500	9,200	貸　倒　引　当　金	340	368

〔資料Ⅱ〕損益計算書

損　益　計　算　書　　　　　（単位：千円）

借　方	金　額	貸　方	金　額
売　上　原　価	58,500	売　上　高	90,000
給　　　料	12,500		
営　業　費	10,832		
貸倒引当金繰入	168		
当　期　純　利　益	8,000		
合　　計	90,000	合　　計	90,000

【解答】（単位：千円）

1．営業収入

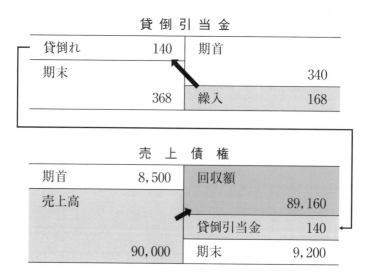

貸倒引当金

貸倒れ	140	期首	
期末			340
	368	繰入	168

売　上　債　権

期首	8,500	回収額	
売上高			89,160
		貸倒引当金	140
	90,000	期末	9,200

　　損益計算書における貸倒引当金繰入△168を貸倒額△140に修正するため、貸倒引当金の増加額28［＝368－340］を加算調整する。次に、損益計算書における売上高90,000及び貸倒額△140（純額：89,860）を営業収入89,160に修正するため、売上債権の増加額700［＝9,200－8,500］を減算調整する。

2．間接法による場合の調整項目（損益計算書及び直接法による場合の各項目との関係図）

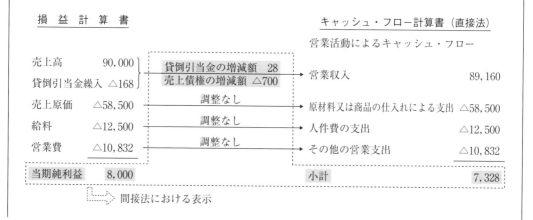

損　益　計　算　書			キャッシュ・フロー計算書（直接法）	
			営業活動によるキャッシュ・フロー	
売上高	90,000	貸倒引当金の増減額　28 売上債権の増減額　△700	営業収入	89,160
貸倒引当金繰入	△168			
売上原価	△58,500	調整なし	原材料又は商品の仕入れによる支出	△58,500
給料	△12,500	調整なし	人件費の支出	△12,500
営業費	△10,832	調整なし	その他の営業支出	△10,832
当期純利益	8,000		小計	7,328

間接法における表示

３．キャッシュ・フロー計算書

営業活動によるキャッシュ・フロー	
税引前当期純利益	8,000
貸倒引当金の増減額	28
売上債権の増減額	△700
小計	7,328

３．小計の下に記載する項目

　営業活動によるキャッシュ・フローにおいて、主たる営業活動、投資活動及び財務活動以外の取引によるキャッシュ・フローを小計の下に記載する。具体的には、**交付金及び共済金その他の受取額**などのキャッシュ・フローを記載する。

　また、法人税等に係るキャッシュ・フローについても営業活動によるキャッシュ・フローの小計の下に記載する。

> 　法人税等の表示区分としては、営業・投資・財務活動の三つの区分のそれぞれに分けて記載する方法が考えられる。しかし、それぞれの活動ごとに課税所得を分割することは一般的には困難であると考えられるため、営業活動によるキャッシュ・フローの区分に一括して記載される。

営業活動によるキャッシュ・フロー	
営業収入	×××
原材料又は商品の仕入支出	△×××
人件費の支出	△×××
その他の営業支出	△×××
小計	×××
交付金及び共済金その他の受取額	×××
法人税等の支払額	△×××
営業活動によるキャッシュ・フロー	×××

┌───

【例題11－7】法人税等の支払額

　以下の資料に基づいて、法人税等の支払額の金額を求めなさい。

〔資料Ⅰ〕貸借対照表

貸借対照表（一部）　　　　　　（単位：千円）

借　方	前期末	当期末	貸　方	前期末	当期末
			未払法人税等	4,500	6,000

〔資料Ⅱ〕損益計算書

損益計算書（一部）　　　　　　（単位：千円）

借　方	金　　額	貸　方	金　　額
法　人　税　等	10,000		

【解答】（単位：千円）

1．仕　訳

(1)　確定申告による納付

（未　払　法　人　税　等）　　4,500　　（現　金　預　金）　　4,500
　　　　　　　　　　　　　　　　　　　　　法人税等の支払額

(2)　中間申告による納付

（仮　払　法　人　税　等）　　4,000　　（現　金　預　金）　　4,000
　　　　　　　　　　　　　　　　　　　　　法人税等の支払額

　※　10,000－6,000＝4,000

(3)　法人税等の計上

（法　　人　　税　　等）　　10,000　　（仮　払　法　人　税　等）　　4,000

　　　　　　　　　　　　　　　　　　　（未　払　法　人　税　等）　　6,000

未払法人税等・仮払法人税等

確定申告 4,500	期首 4,500
中間申告 4,000	法人税等 10,000
期末 6,000	

　法人税等の支払額8,500は、期首4,500＋法人税等10,000－期末6,000として求めることができる。

2．法人税等の支払額

　4,500＋4,000＝8,500

───┘

第3節　その他の論点

1．利息及び配当金の表示区分

【例題11－8】利息及び配当金の表示区分

　利息及び配当金の受取額及び支払額が以下のとおりであった場合、キャッシュ・フロー計算書における表示区分を、次の2通りの方法により、それぞれ示しなさい。

方法①：利息の受払額及び配当金の受取額を営業活動によるキャッシュ・フローに表示する方法

方法②：利息の受取額及び配当金の受取額を投資活動によるキャッシュ・フローに表示する方法

　　　利息の受取額：2,000千円

　　　配当金の受取額：1,200千円

　　　利息の支払額：1,300千円

　　　配当金の支払額：　900千円

【解答】（単位：千円）

1．方法①

営業活動によるキャッシュ・フロー	
小計	×××
利息及び配当金の受取額	3,200※
利息の支払額	△1,300
財務活動によるキャッシュ・フロー	
配当金の支払額	△900

　※　2,000＋1,200＝3,200

2．方法②

投資活動によるキャッシュ・フロー	
利息及び配当金の受取額	3,200
財務活動によるキャッシュ・フロー	
利息及び配当金の支払額	△2,200※

　※　1,300＋900＝2,200

2．リース取引に係る支払リース料

　ファイナンス・リース取引に係る支払リース料のうち、元本返済部分は、当該リースが資金調達活動の一環として利用されているものと認められることから、財務活動によるキャッシュ・フローの区分に記載し、利息相当額部分については、企業が採用した支払利息の表示区分に従って記載する。

　オペレーティング・リース取引に係る支払リース料は、通常は損益計算書において販売費及び一般管理費に計上されるため、営業活動によるキャッシュ・フローの区分（その他の営業支出）に記載する。

【例題11−9】ファイナンス・リース取引に係る支払リース料

　以下の資料に基づいて、キャッシュ・フロー計算書（一部）を作成しなさい。なお、利息の支払額は営業活動の区分に記載するものとする。

1．当期首に、リース会社から備品をリースする契約を締結した（所有権移転ファイナンス・リース取引）。
2．貸手の現金購入価額：10,000千円（借手にとって明らか）
3．貸手の計算利子率：3.15％（借手にとって明らか）
4．リース料総額：10,800千円（毎期末に、経過した1年分のリース料を支払う）
5．解約不能のリース期間：4年

【解答】（単位：千円）

1．リース料支払時の仕訳

（リース債務）	2,385	（現金預金）リース債務の返済による支出	2,385※2
（支払利息）	315	（現金預金）利息の支払額	315※1

　※1　10,000×3.15％＝315
　※2　リース料：10,800÷4年＝2,700
　　　　2,700−315＝2,385

2．キャッシュ・フロー計算書

営業活動によるキャッシュ・フロー	
小計	×××
利息の支払額	△315
財務活動によるキャッシュ・フロー	
リース債務の返済による支出	△2,385

3．純額表示

　キャッシュ・フロー計算書においては、主要な取引ごとのキャッシュ・フローを原則として総額で表示する。しかし、期間が短く、かつ、回転が速い項目に係るキャッシュ・フローは純額で表示することができる。例えば、短期借入金の借換えによるキャッシュ・フロー、短期貸付金の貸付けと返済が連続して行われている場合のキャッシュ・フローなどが該当する。

> 　期間が短く、回転が速い項目に係るキャッシュ・フローを総額で表示すると、キャッシュ・フローの金額が大きくなり、かえって財務諸表利用者の判断を誤らせるおそれがあるため、一会計期間の純増減額で表示することができる。

【例題11−10】純額表示

　以下の資料に基づいて、キャッシュ・フロー計算書（一部）を作成しなさい（決算日：3月31日）。
1．前期3月1日に、2,000千円の資金の借入れを行った。当該借入金は3カ月後にいったん返済するが、返済の翌日に同額の借入れを行うこととしている。
2．当期5月31日に、上記の借入金の返済を行い、翌日に同条件の借入れを行った。
3．当期9月1日、12月1日、3月1日においても同様の借換えを行った。なお、12月1日の借入れから借入額を2,500千円としている。

【**解答**】（単位：千円）

1．短期借入金勘定

短 期 借 入 金

5 /31返済	2,000	期首	2,000
8 /31返済	2,000	6 / 1 借入	2,000
11/30返済	2,000	9 / 1 借入	2,000
2 /28返済	2,500	12/ 1 借入	2,500
期末	2,500	3 / 1 借入	2,500

2．総額表示を行う場合

財務活動によるキャッシュ・フロー	
短期借入れによる収入	9,000[※1]
短期借入金の返済による支出	△8,500[※2]

　※1　2,000＋2,000＋2,500＋2,500＝9,000

　※2　2,000＋2,000＋2,000＋2,500＝8,500

3．純額表示を行う場合

財務活動によるキャッシュ・フロー	
短期借入金の純増減額	500

　※　2,500－2,000＝500

第12章　集落営農組織等の任意組合の会計

■■■■　第1節　集落営農組織等の任意組合会計の概要　■■■

1．任意組合とは

　任意組合とは、民法上の組合で、2以上の事業者による共同事業をいう。

　民法では「組合契約は、各当事者が出資をして共同の事業を営むことを約することによって、その効力を生ずる。」とされる。任意組合に法人格はないが、会計上は一企業体とみなされ、独立した会計単位として取り扱われる。建設業における共同企業体（JV：ジョイントベンチャーと呼ばれ、2以上の事業者の共同により事業を行う方式のこと）も任意組合の一種である。

　なお、任意組織である集落営農組織には、任意組合に該当するものと人格のない社団に該当するものとがあるが、その大半が任意組合として取り扱われている。

2．集落営農組織の会計処理

(1)　会計処理の基本

　集落営農組織においては、当該共同事業の構成員に決算内容（財務諸表）を開示することが目的となるため、農業法人と同様の勘定科目を用いて会計処理を行うことが基本となる。

　任意組合では、組合事業について計算される利益の額をその損益分配割合に応じて各組合員に按分し、各組合員の所得に加算する。この場合、当該組合事業に係る収入金額、支出金額、資産、負債等を、その分配割合に応じて各組合員に按分するのが原則的な計算方法である。

　しかしながら、建設業における共同企業体（JV）のように、事業者（構成員）が2～3名であればともかく、集落営農の任意組合のように構成員が数十名規模となる場合には、貸借対照表科目及び損益計算書科目のすべての勘定を構成員別に按分するのは、端数処理の問題等で技術的に困難を伴う場合が考えられる。例えば、構成員50名の集落営農の任意組合において、普通預金に利息10円が付いた場合に、どうやって按分するのか、といった問題などである。このため、一般的に集落営農組織では、組合事業について計算される利益の額のみを、その分配割合に応じて各組合員に按分する方法が採用されている。

⑵　構成員に対する労賃の取扱い

　個人の構成員の集合体である任意組合の集落営農組織の場合、構成員に支払った労賃や役員報酬は、実質的には事業主報酬であり、費用とはならない。しかし、任意組合は、独立した会計単位となるため、計算技術上、構成員に支払った労賃をいったん「賃金手当」勘定などの費用として計上しておき、その後、任意組合の所得を事業主報酬部分と純粋な利益部分とに区分する必要がある。

─【例題12－1】基本例題─────────────────────

　甲任意組合（組合員はA、B、Cの3名）に関する以下の一連の取引の仕訳を、⑴甲任意組合、⑵組合員A、⑶組合員B、⑷組合員Cのそれぞれについて示しなさい。なお、便宜上、税金については考慮しなくてよい。

1．集落営農組織である甲任意組合の設立にあたり、経営参加面積に応じた出資金が以下のとおり払い込まれ、甲任意組合の普通預金口座に入金された。

　　　組合員A：3,000,000円、組合員B：2,000,000円、組合員C：1,000,000円

2．甲任意組合において、水稲の種もみ600,000円を購入し、代金は掛とした。

3．甲任意組合において、農業機械のオペレーターとして従事している組合員Aと組合員Bに対して、以下のとおり賃金を普通預金口座から支払った。なお、組合員Cは農業機械のオペレーターとして従事していない。

　　　組合員A：200,000円、組合員B：100,000円

4．甲任意組合において、農産物（米）の販売代金3,300,000円を受領し、普通預金口座に入金した。

5．甲任意組合において決算を行い、損益勘定にて把握された当期純利益2,400,000円を繰越利益剰余金勘定に振り替えた。なお、便宜上、収益は上記4.農産物（米）の販売代金3,300,000円のみ、費用は上記2.種もみの購入代金600,000円と3.賃金300,000円のみとし、さらに、各種在庫も一切なかったものとし、製造原価＝売上原価として、製造原価報告書の作成も省略するものとする。

6．5.で把握された繰越利益剰余金について、その全額を出資割合に応じて損益分配した。なお、便宜上、内部留保は不要とする。

7．6.の分配金について、甲任意組合の総会において、その半額を出資することが決議され、残り半額を普通預金口座から支払った。

【解答】（単位：円）

１．出資金の払込み

(1) 甲任意組合

（普　通　預　金）　6,000,000　　　（資　　本　　金）　6,000,000

(2) 組合員A

（出　　資　　金）　3,000,000　　　（普　通　預　金）　3,000,000

(3) 組合員B

（出　　資　　金）　2,000,000　　　（普　通　預　金）　2,000,000

(4) 組合員C

（出　　資　　金）　1,000,000　　　（普　通　預　金）　1,000,000

２．種もみの購入

(1) 甲任意組合

（種　　苗　　費）　600,000　　　（買　　掛　　金）　600,000

(2) 組合員A

　　仕　訳　な　し

(3) 組合員B

　　仕　訳　な　し

(4) 組合員C

　　仕　訳　な　し

３．賃金の支払い

(1) 甲任意組合

（賃　金　手　当）　300,000　　　（普　通　預　金）　300,000

(2) 組合員A

（普　通　預　金）　200,000　　　（作　業　受　託　収　入）　200,000

(3) 組合員B

（普　通　預　金）　100,000　　　（作　業　受　託　収　入）　100,000

⑷　組合員C

　　　仕　　訳　　な　　し

４．農産物（米）の販売

⑴　甲任意組合

　　（普　通　預　金）　3,300,000　　（水　稲　売　上　高）　3,300,000

⑵　組合員A

　　　仕　　訳　　な　　し

⑶　組合員B

　　　仕　　訳　　な　　し

⑷　組合員C

　　　仕　　訳　　な　　し

５．当期純利益の認識

⑴　甲任意組合

　　（稲　作　売　上　高）　3,300,000　　（損　　　　　　益）　3,300,000

　　（損　　　　　　益）　　900,000　　（種　　　苗　　　費）　　600,000

　　　　　　　　　　　　　　　　　　　（賃　金　手　当）　　300,000

　　（損　　　　　　益）　2,400,000　　（繰　越　利　益　剰　余　金）　2,400,000

⑵　組合員A

　　　仕　　訳　　な　　し

⑶　組合員B

　　　仕　　訳　　な　　し

⑷　組合員C

　　　仕　　訳　　な　　し

６．損益分配

⑴　甲任意組合

　　（繰　越　利　益　剰　余　金）　2,400,000　　（未　払　分　配　金）　2,400,000

(2)　組合員A

（未　収　入　金）　1,200,000　　　　（雑　　　収　　　入）　1,200,000

(3)　組合員B

（未　収　入　金）　　800,000　　　　（雑　　　収　　　入）　　800,000

(4)　組合員C

（未　収　入　金）　　400,000　　　　（雑　　　収　　　入）　　400,000

7．分配金の処理

(1)　甲任意組合

（未　払　分　配　金）　2,400,000　　　（資　　　本　　　金）　1,200,000

　　　　　　　　　　　　　　　　　　（普　通　預　金）　1,200,000

(2)　組合員A

（出　　　資　　　金）　　600,000　　　（未　収　入　金）　1,200,000

（普　通　預　金）　　600,000

(3)　組合員B

（出　　　資　　　金）　　400,000　　　（未　収　入　金）　　800,000

（普　通　預　金）　　400,000

(4)　組合員C

（出　　　資　　　金）　　200,000　　　（未　収　入　金）　　400,000

（普　通　預　金）　　200,000

【例題12－2】集落営農組織の総合問題

　乙任意組合（組合員は10名）に関する以下の一連の取引について、⑴乙任意組合における仕訳を示すとともに、⑵第1年度の財務諸表（貸借対照表と損益計算書、以下同じ）、⑶第2年度の財務諸表を、それぞれ示しなさい。なお、便宜上、税金については考慮しなくてよい。

〈第1年度〉

1．集落営農組織である乙任意組合の設立にあたり、経営参加面積に応じた出資金合計8,000,000円が、乙任意組合の普通預金口座に入金された。

2．JAから12,000,000円の借入れを行い、乙任意組合の普通預金口座に入金された。

3．機械装置10,800,000円を購入し、代金は乙任意組合の普通預金口座から支払った。

4．種代270,000円及び肥料代540,000円につき、乙任意組合の普通預金口座から支払った。

5．期末仕掛品棚卸高（未収穫農産物）810,000円を計上した。なお、会計処理は総額法による。

〈第2年度〉

6．農産物の販売代金合計21,600,000円を受け取り、乙任意組合の普通預金口座に入金した。これに関する売上計上額の内訳は、水稲売上高19,440,000円、小麦売上高2,160,000円であった（受取り時に売上計上する方式によっている）。

7．肥料代540,000円、農薬費810,000円及び諸材料費6,480,000円につき、乙任意組合の普通預金口座から支払った。

8．JAからの借入金の一部1,800,000円を返済した（乙任意組合の普通預金口座から支払い）。

9．農業機械のオペレーターとして従事している組合員全員に対して、賃金7,560,000円を普通預金口座から支払った。

10．期末仕掛品棚卸高（未収穫農産物）864,000円を計上した。

11．機械装置の減価償却費2,160,000円を計上した（直接法）。

【解答】（単位：円）

〈第1年度〉

1．出資金の払込み

　　（普　通　預　金）　8,000,000　　　　（資　　本　　金）　8,000,000

2．ＪＡからの借入れ

　　（普　通　預　金）　12,000,000　　　（借　　入　　金）　12,000,000

3．機械装置の購入

　　（機　械　装　置）　10,800,000　　　（普　通　預　金）　10,800,000

4．種代及び肥料代の支払い

　　（種　　苗　　費）　270,000　　　　（普　通　預　金）　810,000

　　（肥　　料　　費）　540,000

5．期末仕掛品棚卸高

　　（仕　　掛　　品）　810,000　　　　（期末仕掛品棚卸高）　810,000

〈第1年度末〉　　　　　貸　借　対　照　表

資　　　　産	金　　額	負債・純資産	金　　額
普　通　預　金	8,390,000	短　期　借　入　金	12,000,000
仕　　掛　　品	810,000	資　　本　　金	8,000,000
機　械　装　置	10,800,000		
計	20,000,000	計	20,000,000

〈第1年度〉　　　　　損　益　計　算　書

費　　　　用	金　　額	収　　　　益	金　　額
種　　苗　　費	270,000	期末仕掛品棚卸高	810,000
肥　　料　　費	540,000		
計	810,000	計	810,000

〈第2年度〉

6．農産物の販売

　　（普　通　預　金）　21,600,000　　　（水　稲　売　上　高）　19,440,000

　　　　　　　　　　　　　　　　　　　　（小　麦　売　上　高）　2,160,000

7．肥料代、農薬費および諸材料費の支払い

（肥　料　費）　540,000　　（普　通　預　金）　7,830,000

（農　薬　費）　810,000

（諸　材　料　費）　6,480,000

8．ＪＡからの借入金の一部返済

（借　入　金）　1,800,000　　（普　通　預　金）　1,800,000

9．賃金支払い

（賃　金　手　当）　7,560,000　　（普　通　預　金）　7,560,000

10．期末仕掛品棚卸高

（期首仕掛品棚卸高）　810,000　　（仕　掛　品）　810,000

（仕　掛　品）　864,000　　（期末仕掛品棚卸高）　864,000

11．機械装置の減価償却費

（減　価　償　却　費）　2,160,000　　（機　械　装　置）　2,160,000

〈第2年度末〉　　貸　借　対　照　表

資　産	金　額	負債・純資産	金　額
普　通　預　金	12,800,000	短　期　借　入　金	10,200,000
仕　掛　品	864,000	資　本　金	8,000,000
機　械　装　置	8,640,000	繰越利益剰余金	4,104,000
計	22,304,000	計	22,304,000

〈第2年度〉　　損　益　計　算　書

費　用	金　額	収　益	金　額
肥　料　費	540,000	水　稲　売　上　高	19,440,000
農　薬　費	810,000	小　麦　売　上　高	2,160,000
諸　材　料　費	6,480,000	期末仕掛品棚卸高	864,000
賃　金　手　当	7,560,000		
減　価　償　却　費	2,160,000		
期首仕掛品棚卸高	810,000		
当　期　純　利　益	4,104,000		
計	22,464,000	計	22,464,000

農業簿記勘定科目

貸借対照表項目

勘定科目	解　　　　　説	青色申告決算書
資　産　の　部		
流　動　資　産		
当　座　資　産		
現　　　　　金	通貨および通貨代用証券	現金
当　座　預　金	当座勘定取引契約に基づく決済用預金	その他の預金
普　通　預　金	普通預金契約に基づく預金	普通預金
定　期　預　金	一定期間の預け入れを約定した預金	定期預金
定　期　積　金	定額定期払込みにより満期に契約金額の給付を受ける掛金	定期預金
その他預金	上記以外の預金	その他の預金
受　取　手　形	通常取引による手形債権	（受取手形）
売　　掛　　金	通常取引による営業上の未収金	売掛金
△貸倒引当金	金銭債権に対する取立不能見込額	貸倒引当金
有　価　証　券	一時所有目的の市場価格のある有価証券	有価証券
棚　卸　資　産		
商　　　　　品	販売目的で購入した物品	－
製　　　　　品	販売目的で生産した物品	農産物等
半　　製　　品	中間製品で販売可能なもの	－
原　　材　　料	生産目的で費消される物品	肥料その他の貯蔵品
仕　　掛　　品	製品生産のため製造中のもの	未収穫農産物等
貯　　蔵　　品	生産・販売以外の目的で貯蔵される物品	肥料その他の貯蔵品
その他の流動資産		
前　　渡　　金	商品・原材料などの購入のための前払金	前払金
前　払　費　用	継続的役務提供に対する前払金で1年内に費用となるもの	前払金
未　収　収　益	継続的役務提供による未収金	未収金
未収還付法人税等	法人税、住民税および事業税の未収金	
未　収　消　費　税　等	消費税・地方消費税の未収金	未収金
短　期　貸　付　金	取引先、従業員などに対する1年以内の返済期限の貸付金	貸付金
未　　収　　入　　金	固定資産の売却などによる営業外の未収金	未収金
預　　け　　金	支払った金銭などで返還されるべき債権	（預け金）
立　　替　　金	取引先などに対する一時的な立替払金	（立替金）
仮　　払　　金	帰属すべき勘定または金額の確定しない支払金	（仮払金）
仮　払　配　当　金	従事分量配当見合いとして支給した金額	－
仮　払　法　人　税　等	法人税等から控除される予定納税額、利子配当の源泉徴収税額	－
（仮払消費税等）	税抜経理方式の場合の課税仕入れ中の消費税相当額	
未　　決　　算	保険金が未確定の場合に確定するまでの計上額	－
繰　延　税　金　資　産	税効果会計の適用による資産計上額	－
固　定　資　産		
有形固定資産	物としての実体をもつ固定資産	
建　　　　　物	土地に定着する工作物で周壁、屋根を有するもの	建物・構築物
建　物　付　属　設　備	建物に固着して使用価値を増加させるものまたは維持管理上必要なもの	建物・構築物
構　　築　　物	建物以外の土地に定着した工作物、土木設備	建物・構築物
機　械　装　置	運動機能をもつ機具または工場などの設備	農機具等
車　両　運　搬　具	人、物の運搬を主目的とする機具	農機具等

器 具 備 品	移設容易な家具、電気・事務機器などの機具	農機具等
リ ー ス 資 産		
生 物	農業用の減価償却資産である生物	果樹・牛馬等
繰 延 生 物	税法固有の繰延資産として経理する農業用の生物	(繰延生物)
一 括 償 却 資 産	一括償却を選択した取得価額20万円未満の減価償却資産	(一括償却資産)
土 地	営業目的で所有する土地	土地
建 設 仮 勘 定	有形固定資産の建設による支出	(建設仮勘定)
育 成 仮 勘 定	農業用の生物の育成による支出	未成熟の果樹
△減価償却累計額	間接法による場合の減価償却費の累計額	−
無形固定資産	物としての実体をもたない固定資産	
商 標 権	登録に基づく商標の独占的使用権	(商標権)
実 用 新 案 権		(実用新案権)
意 匠 権		(意匠権)
育 成 者 権		(育成者権)
の れ ん		
ソ フ ト ウ ェ ア	ソフトウェアの購入、委託開発費用	(ソフトウェア)
土 地 改 良 負 担 金	受益者負担金のうち公道など取得費対応部分	土地改良事業受益者負担金
借 家 権		(借家権)
借 地 権	土地の賃借に際し土地所有者に支払った権利金など	(借地権)
電 話 加 入 権	加入電話契約に基づく工事負担金	(電話加入権)
投 資 等	有形固定資産および無形固定資産以外の固定資産	
投 資 有 価 証 券	長期保有目的の有価証券	有価証券
関 係 会 社 株 式	親会社、子会社、関連会社の株式	有価証券
外 部 出 資		
出 資 金	出資による持分	有価証券
関 係 会 社 出 資 金	親会社、子会社、関連会社に対する出資金	有価証券
長 期 貸 付 金	取引先、従業員などに対する1年超の貸付金	貸付金
破 産 等 債 権	破産債権、再生債権、更生債権その他これらに準ずる債権	売掛金
長 期 前 払 費 用	1年を超えて費用となる前払費用	前払金
客 土	客土で支出の効果が1年以上に及ぶもの	(客土)
保 険 積 立 金	積立保険料・共済掛金	(保険積立金)
経 営 安 定 積 立 金	経営安定対策の積立金	(経営安定積立金)
長 期 預 け 金	取引開始に伴って差し入れる保証金など	(長期保証金)
繰 延 税 金 資 産	税効果会計の適用による資産計上額	−
繰 延 資 産		
創 立 費	法人設立のため特別に支出する費用	−
開 業 費	開業準備のため特別に支出する費用	(開業費)
開 発 費	市場開拓などのために特別に支出する費用	(開発費)
社 債 発 行 費		
負 債 の 部		
流 動 負 債		
買 掛 金	通常取引による営業上の未払金	買掛金
短 期 借 入 金	返済期限が1年以内に到来する借入金	借入金
リース債務（短期）		
未 払 金	固定資産の購入などによる営業外の未払金	未払金
未 払 配 当 金	配当に対する未払金	−
未 払 分 配 金		
未 払 費 用	継続的役務提供に対する未払金	未払金

勘定科目	解　　　説	青色申告決算書
未 払 法 人 税 等	法人税、住民税および事業税の未払金	－
未 払 消 費 税 等	消費税の未払額	未払金
前 　 受 　 金	受注品などに対する代金受入額	前受金
預 　 り 　 金	受け入れた金銭などで返還すべき債務	預り金
仮 　 受 　 金	帰属すべき勘定または金額の確定しない受取金	(仮受金)
(仮受消費税等)	税抜経理方式の場合の課税売上げ中の消費税相当額	－
賞 与 引 当 金	使用人の賞与に充てるため繰り入れた額	－
繰 延 税 金 負 債	税効果会計の適用による負債計上額	－
固 定 負 債		
社 　 　 　 債		
長 期 借 入 金	返済期限が1年を超える借入金	借入金
リース債務（長期）		
役員等長期借入金		－
長 期 未 払 金	弁済期限が1年を超える未払金	未払金
退 職 給 付 引 当 金		－
繰 延 税 金 負 債		－
(農用地利用集積準備金)		－
(農業経営基盤強化準備金)		農業経営基盤強化準備金
純 資 産 の 部		
株 主 資 本［Ⅰ］		元入金
資 本 金［1］	株主、社員、組合員が拠出した資本	
資 本 剰 余 金［2］		
資 本 準 備 金［(1)］	株式払込剰余金、減資差益、合併差益	－
その他資本剰余金［(2)］		－
利 益 剰 余 金［3］		
利 益 準 備 金［(1)］		－
その他利益剰余金［(2)］		
特 別 償 却 準 備 金	特別償却に代えて損金算入額を積み立てた額	－
農用地利用集積準備金	特定農業法人の農業収入の9％を積み立てた額	－
農業経営基盤強化準備金	水田経営所得安定対策などの交付金相当額を積み立てた額	－
圧 縮 積 立 金	圧縮記帳による損金算入額を積み立てた額	－
圧 縮 特 別 勘 定	翌年度以降の圧縮記帳のため特別勘定に経理した金額	－
(その他目的積立金)		
別 途 積 立 金	特定の目的を定めていない任意積立金	
繰 越 利 益 剰 余 金		
自 己 株 式［4］		－
評価・換算差額等［Ⅱ］		
その他有価証券評価差額金［1］		－
繰 延 ヘ ッ ジ 損 益［2］		－
土 地 再 評 価 差 額 金［3］		
新株予約権［Ⅲ］		

損益計算書項目

勘定科目	解　　　説	青色申告決算書
売 　 上 　 高		
製 品 売 上 高	自己が生産した農産物など製品の販売金額	販売金額
商 品 売 上 高	商品の販売金額	－
生 物 売 却 収 入	減価償却資産である生物の売却収入	販売金額
作 業 受 託 収 入	農作業等の作業受託による収入	雑収入

	価 格 補 填 収 入	農畜産物の価格差交付金、価格安定基金の補填金	雑収入
	その他事業売上高		－
売 上 原 価		商品の仕入原価、製品の製造原価	
	期首商品製品棚卸高	商品・製品の期首有高	農産物の棚卸高
	当期商品仕入高	商品の当期における仕入高	－
	当期製品製造原価	製品の当期における製造原価	
	生 物 売 却 原 価	減価償却資産である生物の売却直前の帳簿価額	(生物売却原価)
	△期末商品製品棚卸高	商品・製品の期末有高	農産物の棚卸高
	△ 事 業 消 費 高	事業用に消費した製品の評価額	事業消費金額
売 上 総 利 益		＝売上高－売上原価	
販売費及び一般管理費			
営 業 利 益		＝売上総利益－販売費及び一般管理費	
営 業 外 収 益		金融収益その他営業外の経常的収益	
	受 取 利 息	預貯金および貸付金に対して受け取る利息	事業主借
	有 価 証 券 利 息		
	受 取 配 当 金	株式や出資金などに対して受け取る配当金	事業主借
	受 取 地 代 家 賃		事業主借
	一 般 助 成 収 入	経常的に交付される助成金	雑収入
	作 付 助 成 収 入	作付面積を基準に交付される交付金など	雑収入
	雑 収 入	その他の営業外収益	雑収入
営 業 外 費 用		金融費用その他営業外の経常的費用	
	支 払 利 息	借入金の支払利息	利子・割引料
	社 債 利 息		
	手 形 譲 渡 損	手形の割引・裏書により生じた損失	利子・割引料
	創 立 費 償 却	繰延資産に計上した創立費の償却額	－
	開 業 費 償 却	繰延資産に計上した開業費の償却額	－
	廃 畜 処 分 損	生物または棚卸資産とした家畜の除却による損失、付随して発生する廃畜の処理費用	(廃畜処分損)
	雑 損 失	その他の営業外費用	雑費
経 常 利 益		＝営業利益＋営業外収益－営業外費用	
特 別 利 益		臨時利益および過年度損益修正益	
	固 定 資 産 売 却 益	固定資産の売却による利益	事業主借
	投資有価証券売却益	投資有価証券の売却による利益	事業主借
	資 産 受 贈 益	資産の無償・低額譲り受けによる利益	－
	受 取 共 済 金	収穫共済など棚卸資産に対する共済金・保険金	事業主借・雑収入
	経営安定補填収入	過年度の農畜産物の価格下落などに対する補填金	雑収入
	収入保険補填収入	収入保険の保険金等の見積額	雑収入
	保 険 差 益	固定資産の保険金などから災害損失を控除した額	事業主借
	国 庫 補 助 金 収 入	固定資産の取得のため交付された補助金	(固定資産と相殺)
	償 却 債 権 取 立 益	過年度に貸倒処理済の債権の回収額	雑収入
	貸倒引当金戻入額	前期繰入れ貸倒引当金の当期の戻入額	貸倒引当金
	(圧縮特別勘定戻入額)		
	(農用地利用集積準 備 金 戻 入 額)		
	(農業経営基盤強化準備金戻入額)		
特 別 損 失		臨時損失および過年度損益修正損	
	役 員 退 職 慰 労 金	役員に対する退職金	－
	固 定 資 産 売 却 損	固定資産の売却により生じた損失	事業主貸
	投資有価証券評価損		
	固 定 資 産 除 却 損	固定資産の除却により生じた損失	(資産除却損)
	災 害 損 失	災害による固定資産の損失	(災害損失)
	特 別 償 却 費	租税特別措置法による特別償却費	減価償却費

勘定科目	解説	青色申告決算書
固定資産圧縮損	圧縮記帳により固定資産を直接減額した額	－
(圧縮特別勘定繰入額)		－
(農用地利用集積 準備金繰入額)		－
(農業経営基盤強 化準備金繰入額)		
税引前当期純利益	＝経常利益＋特別利益－特別損失	所得金額
法人税、住民税及び事業税	当期の法人税、住民税、事業税の見積計上額	－
法人税等調整額		－
当 期 純 利 益	＝税引前当期利益－法人税等	

販売費及び一般管理費明細

勘定科目	解説	青色申告決算書
役 員 報 酬	役員に対する給料	－
給 料 手 当	販売業務に従事する常雇の従業員の給料	雇人費
雑 給	販売管理業務に従事する臨時雇の従業員の給料	雇人費
賞 与	販売管理業務従業員の臨時的な給与	雇人費
退 職 金	退職に伴って支給される臨時的な給与	雇人費
法 定 福 利 費	販売管理業務従業員の社会保険料の事業主負担額	雇人費
福 利 厚 生 費	販売管理業務従業員の保健衛生、慰安、慶弔などの費用	雇人費
賞与引当金繰入額	賞与引当金の当期繰入額	－
荷 造 運 賃	出荷用包装材料の購入費用、製品の運送費用	荷造運賃手数料
販 売 手 数 料	JAや市場の販売手数料	荷造運賃手数料
広 告 宣 伝 費	不特定多数への宣伝効果を意図して支出する費用	(広告宣伝費)
交 際 費	取引先の接待、供応、慰安、贈答のため支出する費用	(接待交際費)
会 議 費	会議・打合せなどの費用	
旅 費 交 通 費	出張旅費、宿泊費、日当などの費用	(旅費研修費)
事 務 通 信 費	事務用消耗品費、通信費、一般管理用の水道光熱費	(事務通信費)
車 両 費	自動車燃料代、車検費用など販売管理用車両の維持費用	(車両費)
店 舗 経 費	店舗用消耗品費、水道光熱費	－
図 書 研 修 費	新聞図書費、研修費	(旅費研修費)
支 払 報 酬	税理士、司法書士などの報酬	雑費
修 繕 費	販売管理用の固定資産の修理費用	修繕費
減 価 償 却 費	販売管理用の固定資産の減価償却費	減価償却費
のれん償却額		
開 発 費 償 却	繰延資産に計上した開発費の償却額	(開発費償却)
地 代 家 賃	販売管理用の土地・建物の賃借料	地代・賃借料
支 払 保 険 料	販売管理用の固定資産の保険料	農業共済掛金
租 税 公 課	印紙税、税込経理方式の場合の消費税など	租税公課
諸 会 費	同業者団体などの会費	租税公課
寄 付 金	事業に直接関連のない者への金品の贈与	事業主貸
貸 倒 損 失	売掛金などの売上債権の貸倒れによる回収不能額	雑費
貸倒引当金繰入額	貸倒引当金の当期の繰入額	貸倒引当金
○○引当金繰入額		
退 職 給 付 費 用		
雑 費	一般管理費用で他の勘定に属さないもの	雑費

製造原価報告書項目

勘定科目	解説	青色申告決算書
材 料 費	物品の消費により生ずる原価	
期 首 材 料 棚 卸 高	原材料の期首有高	「以外の棚卸高」

種 苗 費	種籾その他の種子、種芋、苗類などの購入費用	種苗費
素 畜 費	種付費用、素畜購入費用	素畜費
肥 料 費	肥料の購入費用	肥料費
飼 料 費	飼料の購入費用、自給飼料の振替額	飼料費
△飼料補填収入	配合飼料価格安定基金の補填金	雑収入
農 薬 費	農薬、予防目的の家畜用の薬剤費の購入費用	農薬衛生費
敷 料 費	敷料の購入費用	諸材料費
燃 油 費	重油など、園芸用ハウス暖房用燃料の購入費用	動力光熱費
諸 材 料 費	被覆用ビニール、鉢、針金などの購入費用	諸材料費
材 料 仕 入 高	加工品の材料の購入費用	－
△期末材料棚卸高	原材料の期末有高	「以外の棚卸高」
労 務 費	労働用役の消費により生じる原価	
賃 金 手 当	生産業務に従事する常雇の従業員の労賃	雇人費
雑 給	生産業務に従事する臨時雇の従業員の労賃	雇人費
賞 与	生産業務従業員の臨時的な給与	雇人費
法 定 福 利 費	労働保険料、社会保険料の事業主負担額	雇人費
福 利 厚 生 費	生産業務従業員の保健衛生、慰安、慶弔などの費用	雇人費
作 業 用 衣 料 費	作業服、軍手、長靴、地下足袋などの購入費用	作業用衣料費
外 注 費	作業請負に対して支出する原価	
作 業 委 託 費	賃耕料、刈取料などの農作業委託料、共同施設利用料	地代・賃借料
診 療 衛 生 費	獣医の診療報酬・コンサル料、治療用の薬剤費用など	農薬衛生費
預 託 費	家畜の育成、肥育の委託料	（預託料）
ヘルパー利用費	酪農や肉用牛などヘルパーの利用料	地代・賃借料
圃 場 管 理 費	畦畔の草刈り、水管理・肥培管理作業などの農作業委託料	地代・賃借料
委 託 加 工 費	加工品の委託による加工費用	－
製 造 経 費	材料費、労務費、外注費以外の原価	
農 具 費	取得価額10万円未満または耐用年数1年未満の農具購入費用	農具費
工 場 消 耗 品 費	加工品の製造に際して消耗される物品の費用	－
修 繕 費	生産用固定資産の修理費用	修繕費
動 力 光 熱 費	生産用の電気、水道料金やガソリン、軽油などの燃料費	動力光熱費
共 済 掛 金	作物や農業用施設の共済掛金、価格損失補填負担金など	農業共済掛金
とも補償拠出金	米の転作や飲用外牛乳生産による減収分の生産者とも補償の拠出金	農業共済掛金
減 価 償 却 費	生産用の固定資産の減価償却費	減価償却費
農 地 賃 借 料	農地の地代（小作料）	地代賃借料
地 代 賃 借 料	農業用施設の敷地の地代、農業用建物の家賃、農機具の賃借料	地代賃借料
土 地 改 良 費	土地改良事業の費用のうち毎年の必要経費になる部分	土地改良費
特 許 使 用 料	種苗などのパテント使用料	
租 税 公 課	生産用の固定資産に対する固定資産税・自動車税など	租税公課
受託農産物精算費	特定作業受託による委託者への精算金	地代・賃借料
当期総製造費用		
期首仕掛品棚卸高	仕掛品（未収穫農産物、販売用動物など）の期首有高	「以外の棚卸高」
△育成費振替高	育成中の生物に対する当期の支出として原価から控除する額	経費から差引く果樹牛馬などの育成費用
△期末仕掛品棚卸高	仕掛品（未収穫農産物、販売用動物など）の期末有高	「以外の棚卸高」
当期製品製造原価	製品の当期における製造原価	

◇**参考文献**◇

『平成24年度版 勘定科目別農業簿記マニュアル』2011年、森剛一著、都道府県農業会議・全国農業会議

『ＡＬＦＡ２級商業簿記』2015年、大原簿記学校教材開発部著、大原簿記学校

『ＡＬＦＡ１級商業簿記・会計学Ａ編』2015年、大原簿記学校教材開発部著、大原簿記学校

『ＡＬＦＡ１級商業簿記・会計学Ｂ編』2015年、大原簿記学校教材開発部著、大原簿記学校

『スラスラできる日商簿記２級商業簿記テキスト』2013年、大原簿記学校著、大原出版㈱

『スラスラできる日商簿記２級商業簿記問題集』2013年、大原簿記学校著、大原出版㈱

『スラスラできる日商簿記１級商業簿記・会計学テキスト』（ＰＡＲＴⅠ～ＰＡＲＴⅢ）2014年、大原簿記学校著、大原出版㈱

『スラスラできる日商簿記１級商業簿記・会計学問題集』（ＰＡＲＴⅠ～ＰＡＲＴⅢ）2014年、大原簿記学校著、大原出版㈱

以　上

さくいん

おわりに

　この本を出版するにあたり、関係者の皆様の御支援、御協力に感謝申し上げます。

　本書は、学校法人大原簿記学校講師の野島一彦氏、石垣保氏と、当協会会長で税理士の森剛一、当協会会員で税理士の西山由美子とが、商業簿記・工業簿記を基礎に構築されている現行の会計理論を農業の現場で具体的かつ実用的に適用することを目標に、時間をかけて議論を重ねて執筆されたものです。また、神奈川大学経済学部の戸田龍介教授には、学術的な観点からのご指摘・ご指導を仰ぎ、多大なる御協力をいただきました。

　本書の出版が、学校法人大原簿記学校及び大原出版株式会社の多大なる御支援、御協力によって実現できましたことを厚く御礼申し上げます。この「農業簿記教科書1級」を多くの農業関係者に学習していただくことで、農企業の高度な計数管理を実現し、今後の日本の農業の発展に寄与することを願ってやみません。

一般社団法人　全国農業経営コンサルタント協会

┌────────本書のお問い合わせ先────────┐

一般社団法人 全国農業経営コンサルタント協会 事務局

〒102-0084

東京都千代田区二番町9-8　中労基協ビル1F

Tel 03-6673-4771　　Fax 03-6673-4841

E-mail：inf@agri-consul.jp

ＨＰ：http://www.agri-consul.jp/
└──────────────────────────┘

農業簿記検定教科書　1級（財務会計編）第2版

■発行年月日　2015年7月10日　初版発行
　　　　　　　2021年3月10日　2版発行

■著　　　者　一般社団法人 全国農業経営コンサルタント協会
　　　　　　　学校法人 大原学園大原簿記学校

■発　行　所　大原出版株式会社

　　　　　　　〒101-0065
　　　　　　　東京都千代田区西神田1-2-10

　　　　　　　TEL　03-3292-6654

■印刷・製本　株式会社　メディオ

ISBN978-4-86486-825-9 C1034